青少年自然科普丛书

# 动 物 与 人

方国荣　主编

台海出版社

图书在版编目（CIP）数据

动物与人 / 方国荣主编. —北京：台海出版社，
2013. 7
（大自然科普丛书）
ISBN 978-7-5168-0188-8

Ⅰ. ①动…Ⅲ. ①方…Ⅲ. ①动物—关系—人
类—青年读物 ②动物—关系—人类—少年读物
Ⅳ. ①Q958.12-49

中国版本图书馆CIP数据核字（2013）第130414号

动物与人
主　　编：方国荣
责任编辑：王　艳
装帧设计：　视界创意　　　版式设计：钟雪亮
责任校对：阮婕妤　　　　　责任印制：蔡　旭
出版发行：台海出版社
地　　址：北京市朝阳区劲松南路1号，　　邮政编码：　100021
电　　话：010－64041652（发行，邮购）
传　　真：010－84045799（总编室）
网　　址：www.taimeng.org.cn/thcbs/default.htm
E-mail：thcbs@126.com
经　　销：全国各地新华书店
印　　刷：北京一鑫印务有限公司
本书如有破损、缺页、装订错误，请与本社联系调换
开　　本：710×1000　　1/16
字　　数：173千字　　　　　　　印　　张：11
版　　次：2013年7月第1版　　　印　　次：2021年6月第3次印刷
书　　号：ISBN 978-7-5168-0188-8
定价：28.00元

# 目录 MU LU

动物与人

# 我们只有一个地球

方国荣

巨人安泰是古希腊神话中一个战无不胜的英雄，他是人类征服自然的力量象征。

然而，作为海神波塞冬和地神盖娅的儿子，安泰战无不胜的秘诀在于：只要他不离开大地——母亲，他就能汲取无尽的能量而所向无敌。

安泰的秘密被另一位英雄赫拉克勒斯察觉了。赫拉克勒斯将他举离地面时，安泰失去了母亲的庇护，立刻变得软弱无力，最终走向失败和灭亡。

安泰是人类的象征，地球是母亲的象征。人类离不开地球，就如鱼儿离不开水一样。

人类所生存的地球，是由土地、空气、水、动植物和微生物组成的自然世界。这个世界比人类出现要早几十亿年，人类后来成为其中的一个组成部分；并通过文明进程征服了自然世界，成为自然的主人。

近代工业化创造了人类的高度物质文明。然而，安泰的悲剧又出现了：工业污染，动物濒灭，森林砍伐，水土流失，人口倍增，资源贫竭，粮食危机……地球母亲不堪重负，人类的生存环境遭到人类自身严重的破坏。

人类曾努力依靠文明来摆脱对地球母亲的依赖。人造卫星、航天飞机上天，使向月亮和其他星球"移民"成为可能；对宇宙的探索和征服使人类能够寻找除地球以外的生存空间，几千年的神话开始走向现实。

然而，对于广袤无际的宇宙和大自然来说，智慧的人类家族仍然是幼稚的——人类五千年的文明成果对宇宙时空来说只是沧海一粟。任何成功的旅程都始于足下——人类仍然无法脱离大地母亲的庇护。

美国科学家通过"生物圈二号"的实验企图建立起一个模拟地球生态的人工生物圈，使脱离地球后的人类能到宇宙中去生存。然而，美好理想失败了，就目前的人类科技而言，地球生物圈无法人工再造。

英雄失败后最大的收获是"反思"。舍近求远不是唯一的出路，我们何不珍惜我们现在的生存空间，爱我地球、爱我母亲、爱我大自然，使她变得更美丽呢？

这使人类更清晰地认识到：人类虽然主宰着地球，同时更依赖着地球与地球万物的共存；如果人类破坏了大自然的生态平衡，将会受到大自然的惩罚。

青少年是明天的主人、世界的主人，21世纪是科学、文明、人与自然取得和谐平衡的世纪。保护自然、保护环境、保护人类家园是每个青少年义不容辞的职责。

"青少年自然科普丛书"是一套引人入胜的自然百科和环境保护读物，融知识性和趣味性于一炉。你将随着这套丛书遨游太空和地球，遨游海洋和山川，遨游动物天地和植物世界；大至无际的天体，小至微观的细菌——使你从中学到丰富的自然常识、生态环境知识；使你了解人与自然的关系，建立起环境保护的意识，从而激发起你对大自然、对人类本身的进一步关心。

# ◎ 人类帮手 ◎

　　人类经过漫长的生存斗争成了生灵万物的主宰，一些动物经过驯养成了人类的朋友。

　　人类从征服动物到走近动物，使越来越多的动物成为人类的帮手。

# 会看家的丹顶鹤

此事发生在俄罗斯南部地区的卡巴斯克。

有一天，一位来自远方的客人特意前来探望自己多年未见的老友，在军区军事委员部工作的安得烈·彼得罗维奇。安得烈家院舍的大门没有上锁，客人敲了几下不见主人出来，便径自走进了院子。从角落里窗口窜出的两只狗冲上来，他还是小心翼翼地绕过它们跨上了屋子的台阶。

正当他想推门入室时，突然感到自己的脊背遭到猛烈的一击。他回过头来，不觉大吃一惊：一只0.5米高的丹顶鹤气势汹汹地向他冲来，尽管他连连避退，但鹤还是恶狠狠地冲他频频发起进攻，他只好狼狈地急忙闪进屋子。在屋门外的丹顶鹤越发怒不可遏，气急败坏地扑着双翅，喉咙里不断发出"吱吱"的叫声，似乎非要把他赶出屋不可……

如此尽职的看家丹顶鹤使这位客人大为惊讶，直到主人安得烈回来，才为客人解开了谜。

四年前的一个傍晚，安得烈·彼得罗维奇驾驶着摩托艇沿色楞格河朝自己家方向赶路。途中，他偶然发现了这只丹顶鹤。它独自呆在岸边，浑身颤抖，即使摩托艇驶近它身边，也一动不动。原来，它的翅膀受了重伤，已经奄奄一息了。见此情景，安得烈不觉产生了怜悯之心，小心地用摩托艇将它带回了家。

在新的环境里，丹顶鹤最初显得很不适，双眼充满着恐惧，接连几天，不吃也不睡，只稍微喝一点水，维持着它那微弱的生命。

安得烈就像照顾婴儿那样，日夜守候在它的身边，医伤喂食，无微不至。几天后，丹顶鹤终于渐渐地适应了这里的环境，开始吃东西了。随着时间的推移，它的身体渐渐康复，伤口也很快痊愈了。安得烈心里充满了喜悦，但高兴之余又不免有些惆怅，他意识到，与丹顶鹤分别的日子不会太长了。

当安得烈把已完全康复的丹顶鹤带到院里，准备让它回归大自然的时候，丹顶鹤竟丝毫没有离去的意思。在患难的日子里，它不仅和安德烈建立了深厚的感情，而且已经把这里当作自己的家园。

也许是为了报答主人的救命之恩吧。从此，这只丹顶鹤就主动担负起守护宅院的重任。它"执勤"的时候，尽职尽责，凡有生人闯入，豁出命也要把他赶走，除非主人出面制止。看家之忠诚，完全能同一条最优良的狗相媲美。安德烈一家都很喜欢它，给它起了个名字，叫"克沙"。不过，克沙却有亲疏之分，能靠近它的只有安得烈一人。至于其他家庭成员，它只不过比对生人稍微客气一点罢了。

# 白蚁找矿藏和保护森林

我们都知道，矿藏是在地下深处的，要想找出矿藏，地质工作者往往需要在各处钻探，然后确定哪里有矿藏，再行开采。而津巴布韦的矿山工程师威廉·威斯特发现，白蚁可以帮助地质工作者找到矿藏。根据他的提议，当地地质工作者果然通过白蚁找到了一个含量很丰富的金矿。

这是为什么呢？原来，白蚁建"蚁塔"时，往往需要钻到地层深处去寻找"建筑材料"，它们从地层深处钻出来，把地层深处的泥土搬运到地面。做成蚁塔的那些泥土，实际上就是地层深处的泥土样品，它可以很清楚地显示出地层深处的泥土的构成及其所含的矿物成分。

这一发现大大地减轻了地质工作者钻探的辛苦，地质工作者只要细心研究一下白蚁"家"，分析一下泥土的成分，就可以推断出地层深处是否有矿，如果有矿，都有些什么矿，含量是多少。

科学家们还利用蚂蚁保护森林。他们做过这样一个试验：首先，他们在树干的中间涂上数环油，然后捉来一群蚂蚁放在树下。蚂蚁本能地往树上爬，当它们爬到一半时，遇到了"障碍"，它们就不往上爬了，要么在原地徘徊，要么往回爬，那个"障碍"就是数环油。

因为蚂蚁爬不到树的上半部及生长树叶的地方，这棵树惨遭昆虫的破坏，很快，这棵树上的树叶被啃光了，成了"秃头"。

科学家在另外一棵树上也放了很多昆虫，让它们去进行破坏，随后，他们又放出许多蚂蚁。这次，他们不再在树干上涂数环油了。蚂蚁们轻而易举地爬上树顶，像饿狼扑食一样，在很短的时间里，就把树上的昆虫全部吃光。

两棵同样的树，一棵树上没有兵蚁，一棵树上有兵蚁，两棵树的生长情况完全不一样，没有兵蚁的树很难长大长高，枝叶残破不堪，而有兵蚁的树枝叶茂盛，茁壮成长。

目前，英国科学家捕捉到数以百万计的蚂蚁，让它们作为树木的"监护人"。这些蚂蚁在保护森林的同时，将捉到的昆虫作为它们过冬的粮食，真是一举两得。

青少年自然科普丛书
qingshaoniaanzrankepuicongshu

动物与人

# 帮牧场牧羊的鸵鸟

南非福尔堡监狱里有一间牧场，牧场里饲养着上百只羊，看管这群羊并且天天放牧这群羊的不是监狱管理人员，也不是犯人，而是一只名叫彼特的鸵鸟。

这只鸵鸟身高近2.7米，重达140千克。作为一名牧羊鸟，彼特是称职的，并且是出类拔萃的，它在这间牧场"工作"了三年，从未丢失过一头羊。而附近的一些农场、牧场里的牲畜，几乎每个星期都有丢失。有一家牧场，一次就被偷走了近30头羊，使牧场主伤心欲绝。

监狱里的这家牧场主当初为什么会想到用鸵鸟牧羊的呢？牧场主介绍说，当时，牧场里除了饲养着上百只羊以外，考虑到鸵鸟是濒临绝种的动物，又是非洲的"特产"，所以，又饲养了20头鸵鸟，希望通过人工繁殖的手段，使鸵鸟的数量越来越多，彼特就是这20头鸵鸟中的一只。

当彼特三岁时，牧场主一天无意中将彼特关进了羊圈里。后来，他发现彼特将保护羊群的安全当作了自己的责任，尽心尽力地看护着每只羊，一旦发现有不良企图的人或动物接近羊圈，它就怒目瞪视，扇动双翅，直到把来犯之敌赶走为止。

牧场主发现这个情况后，干脆就把放牧羊群的任务也交给了彼特。每天早晨，彼特将羊群赶上山坡，让它们吃草，当然，它自己也吃。当它发现有羊擅离羊群，跑到悬崖边时，它会立即停止吃食，飞奔到悬崖边，将羊赶回来。

自从把羊交给彼特看管并放牧后，牧场主感到特别省心，他说："彼特不仅是个称职的牧羊者，而且是一个不用花一分一文的牧羊者。找一个牧羊人，不仅要付给他工资，而且还不放心，因为牧羊人晚上要睡觉，有时还会偷懒，而彼特从不偷懒，一天24小时紧跟着羊群。"

小偷们十分惧怕彼特这只鸵鸟，因为他们知道，别看彼特和一般鸵鸟一样，性情温顺，但如果被激怒了，它的杀伤力是非常强的。它会用强有力的腿脚和像尖刀一样锋利的爪子作为攻击武器。它会毫不留情地用爪子将小偷抓伤，更会一脚将小偷的肋骨踢断。所以，牧场主说："从来没有一个偷羊人敢打彼特的主意，因为他们知道那样做，会冒很大的风险，甚至会没有偷到羊而把自己的命都丢了。"

彼特虽然很称职，但它毕竟老了。因而，该牧场又训练了另一只鸵鸟牧羊。牧场主说："希望将来能将18只鸵鸟训练成牧羊鸟。"

# 猎鹰打猎和除害

相信有许多人都听说过"不见兔子不撒鹰"这句话，意思是说在兔子出现以前，绝不可以轻易地放出手中的鹰。这句话也告诉我们鹰是会捉兔子的，因此在我国北方地区，许多人都喜欢驯养老鹰，为他们去捉野兔。

若想驯养老鹰捉兔子，第一件事就是必须先捉一只老鹰，如何捉呢？人们在老鹰常栖息的树干上，事先布下一张张网子，待老鹰一落脚，它就被网住了。

老鹰多半都是凶狠暴躁的，刚刚被捉来的老鹰更是满腔怒火，它不仅拼命挣扎，寻机逃跑，而且会将主人家养的鸡、猫、狗等吃的吃，咬的咬，总之，它将主人家搅得不得安宁。

为了刹刹它的野性，主人要么不给它肉吃，只给它喝一点水，这样做是既不让它吃得太好，又不让它饿死；要么就给它一小丁点儿肉吃。除此，主人还必须为老鹰"减肥"。"减肥"就是将它身体内多余的油脂去掉，如何去呢？主人将一根麻绳缠绕成一个直径为2厘米的圆柱体，然后强迫老鹰吃下。麻绳当然不能消化，第二天就随着粪便排出老鹰体外，这时，麻绳上会沾满一层黄油。主人再强迫老鹰吃下第二根麻绳，麻绳第二次被排出老鹰体外，又一次拖出一层黄油。如此反复几次，老鹰身体内多余的油脂就被拖干净了。

一段时间后，缺油少肉的老鹰老实多了。这时，主人再训练它服从命令。训练时，主人在数十米远的地方，用肉作诱饵，让老鹰一次次地按命令行事，直到它形成条件反射。

等到老鹰完全驯服后，就可以拉它出去捉兔子了。当发现兔子后，主人立即放出手中的老鹰。老鹰先是展翅高飞，在空中盘旋数圈后，再突然像一支利箭似地直插兔子。兔子未及反应，就被老鹰用一只爪子抓住了屁股。接着，老鹰伸出另一只爪子抓住兔子的面部。兔子痛得无力挣扎，这时，主人赶紧过去，捉住兔子。

获得胜仗的老鹰被主人奖赏了一块肉，它自然很开心，随时准备捕捉第二只兔子。当然，老鹰并非每次都能如愿，有时，当它遇到狡猾的兔子时，也会失手。狡猾的兔子一旦发现天空有老鹰，立即撒腿就往草丛里钻，若周围一时找不到草丛，它就会绕着障碍物猛跑，一时不能得手的老鹰只得跟着兔子兜圈子。如果兔子发现实在跑不掉，就在老鹰扑过来的一刹那，猛地后蹬，把老鹰蹬翻在地，然后一溜烟地跑个无影无踪。

惨遭失败的老鹰自认为无颜回见主人，更不敢奢望主人手中的那块肉，只得怏怏地飞向天空，飞走了。

麻雀是麦田、稻田里的害虫，它们总是趁农民不注意，偷吃麦子、稻米。农民们总是想尽各种办法驱赶它们，但任何方法都不如驯养雀鹰去捕食麻雀效果好。在上海市的崇明岛，至今还流行用雀鹰驱赶麦田、稻田里的麻雀的做法。现在，那里的麻雀一见雀鹰，立即惊恐万状，仓皇而逃。

雀鹰是迁徙鸟，它们在迁飞时，总是尾随着小鸟，因为这样，它们可以一边迁飞，一边捕食，做到一举两得。与捕捉老鹰的办法相仿，每到雀鹰迁徙季节，农民们就在村前屋后、树梢篱墙，凡能利用的地方都挂上不易被麻雀和雀鹰发现的用细丝织成的大网。当小鸟飞来后，一只只地落入了网里，紧随小鸟其后的雀鹰将麻雀赶入网中后便得到主人的奖赏。

# 野鸭邮递员

美国动物学家勒·法尔麦尔在对几只野鸭进行特殊训练后，发现野鸭的传递速度毫不逊色于鸽子。所以，他认为，野鸭充当邮递员最合适。

经过法尔麦尔的特殊训练后，那只野鸭不仅能把气象信息及时、准确地送到遥远的指定地点，还把记者采访拍摄的胶卷送到指定的报社编辑部，每次投递无一出错。

通过与鸽子"邮递员"比较，法尔麦尔认为：野鸭其实飞得比鸽子还快，而且嗅觉比鸽子更加灵敏，因而认定投递目标的速度比鸽子快。

正因为野鸭的嗅觉十分灵敏，因而即使是在黑夜或恶劣天气下，它照样可以凭着嗅觉准确投递。

目前，美国得克萨斯州的20个邮区中，已经有近百只野鸭充当"邮递员"。我们可以相信，不久将有更多的野鸭成为出色的"邮递员"。

# "鹅警卫"和"鹅兵"

白鹅的听觉十分灵敏。因此，很多人都利用白鹅的听觉为自己服务。

早在清顺治年间，广东农民义军领袖起兵抗击清兵时，就曾在水寨中养了许多白鹅，让它们充当警卫。由于有忠于职守的白鹅警卫保护，清兵无论是明攻还是暗袭，都在白鹅及时报警后，被义军攻溃。

中国有此例，外国也有。公元前390年，古罗马人在和高卢人的战争中，也充分利用了白鹅，让白鹅充当警卫。当高卢人进攻时，白鹅吵叫声此起彼伏，将古罗马人从睡梦中惊醒。由于白鹅的及时报警，古罗马人得以大败高卢人。从此，罗马人对白鹅一直心存感激，把它们看做是自己最亲密的朋友。当局还曾下令严禁宰杀白鹅。

苏格兰格拉斯哥威士忌酒家管理人员起初准备雇佣警犬充当警卫，后来听说中国的澄海狮头鹅因为体大健壮、声音宏亮，比警犬更合适充当警卫后，他们立即改变初衷，雇佣了一头中国大白鹅。大白鹅果然忠于职守，每当看到有陌生人接近贮酒仓库，就气势汹汹、紧追不放。

英格兰也有一家酒库雇佣了白鹅充当警卫。这家酒库里贮藏着数亿英磅的酒，为了安全起见，主人驯养了80只大白鹅。这些大白鹅日夜轮班，不停地警卫着酒库。自从白鹅担任警卫以来，酒库从未发生过失窃事件。

有鹅警卫，也有鹅警察。奥地利首都维也纳每次遭到寒流袭击后，市内公路上就结满了冰碴，因而不断地出交通意外。尽管市政当局一再要求司机放慢车速，但很少有司机遵从。后来，一家酒馆老板提议，把白鹅散放在公路上，让它们大摇大摆地在公路上闲逛，逼使司机放慢车速。这一招果然奏效，司机们都不敢随随便便地从白鹅身上压过，只有放慢车速。

　　既然白鹅能很好地充当警卫，那么，它们也一定能当好兵。这是美军陆军特种部队司令员在看过关于白鹅充当警卫的电视报道后产生的想法。随后，他派人四处调查。调查结果不仅证实了电视报道所说的，而且也证实了白鹅听觉的确灵敏，稍有风吹草动都可觉察到的说法。另外，它们不像狗那样贪吃，同时，它们不吸毒、不酗酒，比部队里的差兵要好多了。

　　于是，司令决定训练一批白鹅补充到特种部队里来。很快，有18只受过短暂训练的白鹅被分配到了陆军第32防空指挥部，负责看守通讯设施和防空大炮，又有900多只白鹅分别分到30个美军据点里去。

　　一批更优秀的白鹅被美国军事情报部门输送到德国美军基地，作为专门负责侦察德军军情的"侦察兵"，又有数百只白鹅被输送到欧洲各地。

　　"下放"到各个部队的这群"特种兵"，它们和美军士兵一起执行巡逻警戒任务。它们个子大，脖子长，可以一眼望到很远。加上它们的听觉极其敏锐，稍有异常，就"嘎嘎嘎"地大叫不止，直到引起士兵的注意方才罢休。

　　在部队里建立"鹅兵"并非是美国人的发明。很久以前，荷兰也曾建立过一支"鹅兵部队"。但不知是训练不得法还是别的什么原因，这些白鹅过分喧闹，有时反而惊动了敌人，而且它们还经常"开小差"。在这种情况下，部队司令官一怒之下，命令厨师将它们全部宰了。

　　不知生活在美军特种部队里的"鹅兵"将来的命运如何？

# 救了一个旅的鸽子

第二次世界大战期间，英国第56步兵师试图夺取科尔维·韦基亚基地，但德国人在此防守严密。

英国人给最近的美国空军基地发了电报，要求轰炸机把这个基地从地图上抹掉。

在混战中，英军的一个旅约1000名官兵已经冲进并占领了科尔维·韦基亚。这时他们才得知为了支持他们的进攻，师部已经下达了把该基地炸平的命令。即将到来的轰炸机将置他们于死地，偏偏他们的无线电台又丢了。如何通知美国飞机停止轰炸呢？他们想到了军中带着的一只美国家鸽，英国人只有通过这鸽子传出"停止投弹"的信息，否则他们只有死路一条。

在1943年10月的那一个烟雾笼罩的早上，家鸽带着信展翅高飞，它躲开了炮兵，20分钟飞了20英里，到达美空军基地。好险啊！

飞机就要携弹起飞了！美军得到信，终于取消了这次轰炸，英军旅得救了。

三年后，这只家鸽被带到伦敦，成为被授予迪金勋章的第一个非英国动物。

# 麻雀"火攻"岩州城

故事发生在唐朝，唐将薛里奉命东征，去攻打岩州城。踞守岩州城的大将名叫戈苏文，他利用城里粮丰草足的条件，与薛里长期作战。

俗话说"攻难守易"。薛里久攻不下，兵士伤亡惨重，他决定改强攻为巧攻。如何巧攻？戈苏文坚持打持久战的原因就是他依仗着城内粮草丰厚。如果将其粮草全部烧毁，他自然也就不打自退了。

可是，岩州城防守甚严，不要说派人混进城内烧粮，就是外人靠近城门都是不可能的。怎么办呢？这时，有人向薛里建议利用麻雀放火。

薛里采纳了这个建议，他首先命令部分士兵暂时放下武器，四处去捉麻雀，然后命令另外一部分士兵将岩州城外四周的草全部烧光，一根也不剩。

在准备期间，薛里命令士兵严加看守麻雀，并不准给它们一口吃的。一切准备就绪，只欠大风。这时，麻雀已被饿得头脑发昏了。

一天清晨，大风忽起，薛里赶忙命士兵把硫磺和火药装在小纸袋里，再把纸袋用纸捻系在麻雀的爪子上。麻雀被放出去后，急急忙忙地四处觅食，它们饿坏了。可是城外四周已没有一根草，它们只好飞进城里，发现城里的粮草真是太丰富了。当它们飞落在草堆上，尽力用爪子扒食草籽时，爪子上的小纸捻被挣断了，小纸袋便留在了草垛上。

这时，另外一群爪子上系着香火的麻雀也被放了进来。它们刚刚飞落在草垛上，爪上的香火便烧着了小纸袋里的硫磺和火药。片刻工夫，城内大火冲天。

戈苏文还未来得及弄清粮草是如何起火的，就见薛里率众兵趁城内一片混乱之际开始了攻城。他见大势已去，只得率兵逃出城去。

在麻雀的"帮助"下，薛里终于占领了岩州城。

# 蜜蜂帮人类找矿

前苏联南乌拉尔的一个养蜂场在分析蜂蜜时发现，蜜中含有大量铜、钼和钛。究其原因，原来蜜蜂活动的地区蕴藏着丰富的铜、钼、钛矿藏，蜜蜂是从花蜜中获得这些金属元素的。

1977年，一位加拿大学者发现了放养在阿夫顿地区的蜜蜂所采集的花粉中，含有浓度相当高的铜，于是他断言该地区一定有较高经济价值的铜矿。后来经过勘探，果然找到了一个相当规模的铜矿。

正因为蜜蜂有找矿作用，有些国家就在蜂箱入口处安置软质的花粉收集器。当从野外回来的蜜蜂在软垫上"蹭脚"时，花粉便留在了收集器里，通过对花粉的分析，就可以找到该地区的矿线索了。

# ◎ 生灵天敌 ◎

　　"老虎吃公鸡，公鸡吃虫子，虫子蛀棒子，棒子打老虎……"

　　古老的儿歌道出了原始生态食物链的真谛。然而，当人类登上食物链金字塔最高处时，便成为宰杀一切的"棒子"，成为全体生灵的"天敌"。

# 野骆驼的"天敌"是人

　　用人的眼光来看，野骆驼的生存环境实在是太恶劣了，并由此产生了对野骆驼吃苦耐劳精神的钦佩，其实这不过是人的主观情感罢了。就野骆驼来说，生存在沙漠边缘正是长期适应环境的结果。

　　恶劣的环境正是野骆驼赖以生存的条件，沙漠里几乎没有天敌。野外偶尔发现野骆驼的尸体，其死因一是自然淘汰，老死的；二是母驼难产；三是渴死的。

　　野骆驼远远地避开了天敌，但不能避开人。沙漠也无法阻挡猎人的枪弹，人才是野骆驼的真正天敌，于是，这种珍贵的动物越来越少了。

　　酷暑季节，猎人把带钉子的木板放在骆驼饮水的必经之路。骆驼踏上木板，猎人用最简单的土枪就能把它打死。

　　这当然是违法的。现在新疆已建立了几个以保护野骆驼为主的自然保护区。有些地方人确实难以进入，但只要多挖几个盐泉，就能给野骆驼一条生路。至于那些经常发生捕猎野骆驼事件的地方，一方面要加强宣传教育，另外还得绳之以法。

　　中国的野生双峰驼，是世界上现存的唯一的野驼骆种，我国政府正式宣布它为国家一类保护动物。

# 秦卡鸡羽丽肉鲜遭"人祸"

秦卡鸡是极其美丽的名鸟之一，除了羽毛艳丽、色调和谐、光彩夺目这一惹人喜欢的特点外，其奔跑、走路的姿势动作也十分缭人。据说它在奔跑时远比家鸡灵活得多，每当遇到险情时，秦卡鸡就挥动起一米多长的翅膀，协助它迅速逃离现场。然而美中不足的是，它不能像其他禽鸟那样，凌空飞翔。

然而，秦卡鸡的美丽、肉质的鲜美，却又给它带来了灭顶之祸。据记载，这种鸡在1769年英国库克船长登陆新西兰之前，在新西兰的南岛还大量存在着，这是因为那里的食物丰富，又没有别的动物"天敌"。

可是它的命运同恐鸟差不多，随着殖民者的掠夺性屠杀，最后也惨遭灭绝。据生物学家断定，"最后"一只秦卡鸡于1898年被殖民者放出的猎狗咬死后，整个新西兰就再没有这种珍贵的"活化石"了。

今后人们要想再看到秦卡鸡，唯一办法就是到不列颠博物馆、德国德累斯顿博物馆或者新西兰奥太戈博物馆去，因为这三个馆里各保存有一只秦卡鸡的标本。

谁知过了54年，新西兰发生了一件震惊世界的天下奇闻：秦卡鸡被决心找到它的奥尔贝博士重新发现了！这可喜的新闻传出后，几乎在全世界引起了一次大震动。人们都高兴地说："秦卡鸡又复活了！"

奥尔贝博士是怎样找到濒于灭绝的秦卡鸡的呢？

奥尔贝是个新西兰人，他从童年起就常常看到那个放在奥太戈博物馆的秦卡鸡标本。正是这个标本给他树立了一个坚强的信心，那就是一定要在新西兰找到这种"活化石"——绝世名鸡。

于是，他便在当年发现秦卡鸡的地方，特意盖了一所小木房作为"大本营"，日夜住在那里寻找秦卡鸡。奥尔贝怀着最大的耐心，经过千辛万苦，终于在1952年再次找到了秦卡鸡的足迹，并听到了它的鸣叫声。最后在一个人迹罕至的草丛中，他还捉到了正在孵卵的秦卡鸡。

　　奥尔贝小心翼翼地连蛋一起捧回去，大约没有多久，一窝小秦卡鸡就破壳降世了。它们刚生下时，长得很像小乌鸦，一身墨黑，与它那美丽的"父母"，恰呈鲜明的对照。再以后，经过一段时期成长，羽毛才逐渐变得鲜丽起来。从此，秦卡鸡失而复得，脱离了"灭绝"的命运。

# 野游使野鸡越来越少

在日本北海道，在海拔2-3千米的高度上，栖息着一种冻原沙鸡。它们是最近一次冰河期之后，地球上气候开始变暖时迁到这里来的。目前，在日本，这种沙鸡只剩下数百只。

虽然早在几十年前，日本就已严禁猎捕冻原沙鸡，但值得注意的是，日本的冻原沙鸡仍在逐年减少。有关方面认为，这可能是由于游客过多所致：今天日本每四个游客中就有三个住在大城市里，而春天一到，市民们不免要兴致勃勃地去野游。就拿位于东京市郊的国家公园来说，每年前来观赏的游客竟达720万人次！游客如潮水般涌来，他们到处乱抛食物残渣，促使各种各样小型的食肉兽日益增多，从而给沙鸡带来了严重的威胁。日本动物学家缜密调查后指出，能活到秋季的冻原沙鸡的数量仅及春季时的三分之一；即便是这个比例，也正在逐年下降。

# 人类威胁着大象的生存

在非洲，每年有10万到40万头大象被捕杀。研究人员担心再这样下去，非洲象将会灭绝。

偷猎者杀死大象，是为了获取象牙，因为象牙非常值钱。

有人认为大象不过是个饭桶，就会大量吞食食物，而没有什么特长，并且大象常常毁坏田园，影响人类的生活环境。杀掉它不仅肉可以吃，而且象牙还能赚钱，何乐而不为呢？

人们推断，一年约有四五万头大象遭到捕杀。买卖象牙的巨额利润，使偷猎者疯狂获取象牙，大象的数量越来越少了。人类的贪婪给大象带来了灭顶之灾。

马萨比特保护区原本是象的天堂，可几千年后，这里的大象已难以寻觅。猎人们常常在夜幕的隐蔽下进入保护区，对大象进行疯狂地屠杀，即使是年幼的小象，也不放过。如果这里有警备人员看守，他们也不在乎，因为偷猎者有现代化的武器装备，以及性能优良的汽车。偷猎者取得象牙后，象尸抛在野外，那景象令人痛心。

除了人类捕杀之外，对象生存的最大威胁就是食物来源。人类为了扩展自己的生活空间、发展经济，大规模地毁林开荒，破坏了大象的栖息地，象群的活动范围越来越小。

因此，为了保护大象，要控制购买象牙，严格禁止猎象，同时建立大面积的保护区，使大象们能自由自在地生活。

# 欧洲移民消灭了澳洲袋狼

"袋狼已到了无法挽救的境地，无论采取什么措施，即使是最好的措施，也无济于事了！"这是研究塔斯马尼亚岛的主要动物学家米克尔·沙伦德对袋狼所作的结论。

专家和动物保护协会的人们说："为了保护大自然中最大的奇兽——袋狼，使它们不致于在地球上完全绝迹，联合国有关组织只要拿出用于保护阿布辛比勒石像所花费的很微小的一部分钱就足够了。"

专家愤慨地说："遗憾的是，袋狼栖息在世界偏僻遥远的一隅，在一个被人们遗忘了的岛屿上，那里有许许多多的森林，然而关心濒临绝灭境地的各种动物命运的人并不多。而其余的人则觉得无所谓：就让它们绝种吧！大不了地球上少一种动物罢了。假如这种稀有的珍兽是在美国、欧洲或前苏联，那拯救袋狼，免于绝灭是不成问题的。可是在澳大利亚，人们对这件事并未感到不安。到了2020年，我们的子孙后代对这件事会说些什么呢？他们一定是会很严厉地责骂我们。"

早在100多年以前，英国动物学家约翰·古利特在访问这个多山多林的岛屿时，就预见到了"塔斯马尼亚虎"（袋狼身体的后部有横向条纹，所以被误认为虎）的悲惨命运。

狼在世界各地分布很广，可是袋狼，除了塔斯马尼亚岛，地球上任何地方都没有。

果然，约翰不幸言中，并没有等到方便的汽车干线贯通，岛上也没有出现人口众多的城市，一踏上这个岛屿的欧洲移民就马上开始消灭这种有袋类猛兽了。

消灭袋狼的原因，不只是由于它们常常伤害袋鼠（袋鼠是袋狼的主要食物），而且因为它们时常拖走绵羊，牧场的主人当然是不会饶恕它们的。

等到塔斯马尼亚人终于明白，他们拥有的乃是无价之宝，是绝无仅有、举世无双的凶猛的大型有袋类动物时，已经太晚了。

# 澳洲的"灭袋鼠运动"

100多年来，澳大利亚为"鼠害"伤透了脑筋，并开展了延续近百年的"灭鼠运动"。"消灭袋鼠"最主要的原因之一是，袋鼠与人工放养的羊群争食。

澳大利亚经常出现干旱天气，草原为此大大受到危害。人工放养的绵羊虽然与袋鼠同样具有很强的耐热耐渴能力。它们能够忍受43℃的体温，并长时间地不饮水。但在这种情况下，往往会损失四分之一的体重（人体丧失12%的水份就会死亡）。虽则绵羊的繁殖要比袋鼠快，它们通常均产双胞胎，但处于干旱和饥饿威胁下的袋鼠，能通过"冻结"胚胎发育和动用体内储备来应付生理需求；而处于同样情况的绵羊却只能听任羊羔大批死亡，或者胚胎流产。于是，澳洲西北部的皮尔巴拉区，近几十年内绵羊减少了一半（约800万只），并不得不为此取消了十多个大型牧场。

与此同时，该地区的山地袋鼠却明显地增多起来。为了避免它们泛滥成灾，当地人开始投放毒饵，仅在某个14平方公里的牧场上，在1930-1935年内就毒杀了9万只山地袋鼠。

在皮尔巴拉区的炎热季节里，阴影处的温度可高达50℃，全年的降雨量不超过25-30厘米。这里长满了带刺的禾木科植物，没有任何经济价值。于是在绵羊和袋鼠之间，展开了一场争夺其他草料的斗争。

如果仅仅为了维持绵羊的生命，那么让它们吃蛋白质含量不低于6.5%的草料也就可以了。然而，牧民养羊是为了使它们大量生育，并获得它们的肉和皮毛，那它们就需要养分较高的饲料。

袋鼠很少乃至基本不饮水，它们消化植物性蛋白的能力也相当强。这样，就使袋鼠在与绵羊的竞争中占了优势。然而，由于当地人大量射杀袋鼠、加工袋鼠肉的做法，已使兴旺的袋鼠家族濒于绝种的边缘。

澳洲的欧洲移民曾从欧洲引入狐狸和猎狗，用以对付袋鼠，但大袋鼠并不惧怕这类食肉动物。然而，更为珍贵的小型袋鼠则遭了灭顶之灾。

欧洲狐引入以前，在澳大利亚，12种小型袋鼠的数量是极多的。1904年，在当地的阿德雷德曾成打地出售过小型袋鼠，花不了几文钱就能买到袋鼠皮。每逢节假日还举行袋鼠赛跑活动。后来，至少已有2种小型袋鼠彻底绝灭了，余下的也都龟缩于澳洲的西部。

直到1917年，在昆士兰邦还把灰袋鼠及大袋鼠视为莫大的害兽。据不完全统计，40年内消灭的各种袋鼠不少于2600万头，而为此支付的奖金就达100万英磅之多。过去，政府给当地猎人和农民下达的有奖捕杀袋鼠数高达100万头左右。

后来，提出鉴别袋鼠皮的方法，将发放奖金改为收购皮张，按质论价，颇受猎民欢迎。这一时期，每年收购的袋鼠皮数平均可达35万张。沙袋鼠不仅分布在自己的故乡——澳洲，而且还移居在新西兰岛国中。

1870年开始把沙袋鼠引种到诺亚方舟动物保护区后，它们便迅速繁盛起来并成为当地居民的巨大忧患。直到二十世纪二三十年代，南部岛屿地区还将沙袋鼠视为害兽。

1947年，当地政府还曾在个别地区掀起过灭沙袋鼠运动。在那10年期间共消灭6.85千万只"害兽"，这是何等惊人的数字啊！

1959年，事情更加恶化，兔类协会为配合这一灭沙袋鼠运动，还专门成立了灭沙袋鼠委员会。用飞机投撒烈性毒药——氟化氢钠泡制的诱饵，并实行灭沙袋鼠奖励制度。然而，终有6种沙袋鼠至今仍在新西兰顽强地存活下来，而有些种如napma，却永远从自己的故土中销声匿迹了。

1956年，澳大利亚颁布了野生动物保护法，并调整了野生动物的猎取量。从此，澳洲的袋鼠才有了生机。

# 珍稀动物难逃"人祸"

　　大熊猫是世界各国人民都喜爱的珍贵稀有动物。然而，有人无视国家的有关法规，潜入自然保护区大量布设陷阱、钢丝套，猎取国家重点保护动物，使大熊猫处在"天罗地网"之中。

　　某年1月6日，三官庙保护站抬回了一只非正常死亡的成年雌性大熊猫尸体。1月15日，岳坝报告在大古坪保护站辖区发现一只套死后肢解了的金丝猴尸体。1月23日，三官庙发现了一只雌性金丝猴幼仔被钢丝套勒死。短短几个月后的4月8日，大古坪村民在西河发现一只雌性年龄一周岁的熊猫尸体。现场调查认为，该熊猫是右前肢被套子套住，经挣扎扯断套子，但钢丝却勒入肉内，最后右前肢烂掉，衰竭而死。

　　案发后保护区先后组织了几次大规模的搜山清查，在短短二十几天的清查中清除钢丝套4028根，铁夹数百个，垫枪2支。呜呼！偷猎者的天罗地网！

# ◎ 人与动物之战 ◎

　　在生产力低下的原始时代，人类为生存而对动物界发动"战争"，这表现了"武松打虎"式的英雄精神。

　　今天，"打虎者"已成了破坏生态平衡的"生灵天敌"，并受到了生灵们的反抗和自然规律的惩罚。

# 美国空军与鸟类之战

许多动物只要人类不去招惹它们，而是像瑞士日内瓦人一样爱护它们，它们一定会和人成为好朋友的。

然而，并不是所有人都能像日内瓦人那样。有些地方的人总是以动物侵占了他们的利益为由，对动物"大打出手"，美国空军就是如此。

美国阿拉斯加州的风景区红石湖，原本就生活着数千只天鹅，它们在碧波间畅游，自由自在。然而，自这块宝地被美国空军发现后，它们的好日子就到头了。

原来，美军想在这里建一处空军基地。

美军担心天鹅在此会影响日后战斗机的正常起落，便疯狂地捕杀它们，还捣毁它们的巢窝，千方百计赶它们走。如果它们不走，必遭来杀身之祸。

天鹅被激怒了，它们奋起反抗，与飞机展开了保卫家园的殊死搏斗。每当看见有飞机起落，它们就成群结队冲上前去，不惜以自己的肉躯猛撞飞机。

一群天鹅被打倒，又一群天鹅冲了上来。它们团结一致，前赴后继，搅得空军司令大光其火却又无可奈何。

第二次世界大战期间，美国海军看中了一个海岛，他们想在海岛上建立一个情报基地。

美军事先已经探得岛上无居民，却不曾想岛上生活着大批信天翁。当信天翁突然看到有人未经它们的许可，就擅自闯入它们的"领地"时，立即就被激怒了，它们团结起来，四面围攻登陆的侦察兵。

侦察兵被突如其来的袭击吓得晕头转向，迫不得已，跳入大海逃之夭夭。人怎么能轻易地输给信天翁？美军不甘心，数日后再派侦察兵前往小岛。这次，这批侦察兵又被遍布小岛的信天翁抓的抓，啄的啄，打的打，每人都挂了彩，不得不逃了回来。

难道信天翁真的那么厉害吗？美国海军司令部为了占领这个小岛，决定向信天翁开战。他们派出大批战斗机，前往轰炸。炮火停息，硝烟散去，成千上万的信天翁死于这次大轰炸，它们的尸体满山遍野都是。

美军以为这下好了，便出动大部队开着战车向小岛挺进。谁想岛上的信天翁尸体堆积成山，战车根本开不进去。更让美军头痛的是，附近岛上的信天翁得知它们的邻居被大批炸死，掀起了报复狂潮。它们一批又一批地飞到该岛，同美军展开殊死搏斗。

美军为了达到自己的目的，居然不惜残害同样有生存权利的信天翁。他们在岛上施放毒气，将岛上原有的和前来报复的信天翁毒死大半。岛上堆满了信天翁的尸体，美军不得不出动推土机，将尸体推下海去。

美军总算占领了小岛，他们在岛上修建飞机场、情报战。在他们做这一切时，每天都有信天翁前来"捣乱"。美军只好用高射机枪不断地射击，浪费了不少弹药。

终于，机场修好了，情报战也建起来了。然而，信天翁仍然没有停止对美军的报复。它们成群结队地飞到机场，降落在机场跑道上，使美军飞机无法起飞。当飞机强行起飞后，它们又不惜用身体撞击飞机。

尽管它们弱小的身体无法抵御美军的枪炮，但它们的努力并非毫无用处。有好几架美军飞机就是因为被成群的信天翁撞击而坠毁的。

人与人之间的大战都已经结束了，而人与信天翁的大战却没有结束。

信天翁舍死为同类报复的壮举实在令人敬佩，而美军对信天翁实施的大屠杀行为实在令人汗颜。

# 乌鸦攻击侵犯者

动物界里的大多数动物都是不会主动攻击人类的，除非人去招惹它们。乌鸦也是其中之一，它平时对人是极为友好的，但如果有人对它不敬，它可是要奋起反击的。

我国贵州省的绥阳县，有一陈姓农民。有一天，他在犁地间隙，躺在一棵树下休息。睡得正香，突然头顶上传来乌鸦的"嘎嘎"叫声。他认为乌鸦搅了他的梦，气得不得了，随手从地上捡起一块石头就朝树上的乌鸦掷去。

石头正好击中乌鸦，乌鸦疼得惨叫一声，忍着伤痛飞远了。

两天后，这个农民又在老地方休息。他刚刚躺下，一只乌鸦突然从天而降，对准他的双眼就是一阵猛啄，把他疼得几乎要昏过去。这只乌鸦正是上次被他击打的那只，它是来报仇的。

好不容易赶走前来报仇的乌鸦，陈姓农民捂着正在流血的双眼，跌跌撞撞地赶往医院。经医生全力抢救，终于保住了一只眼，而另一只眼终因伤势过重而瞎了。这时，他才后悔不迭。

无独有偶，在印度中部的一个叫利雅普蒂的村庄里，也发生过一次乌鸦报仇事件。有一天，一只乌鸦被村民范登玛索用弹弓打死。这只乌鸦的配偶一直在寻机报仇，它老是跟着范登玛索，不停地骚扰他。每天天不亮，它就站在他家窗台上鬼喊鬼叫。终于，它开始行动了。一天，范登玛索刚刚走出家门，早已等候在门外的乌鸦便冲了上去，对准他的头、眼猛啄不休。无论他怎么挥赶、奔逃，这只乌鸦就是不肯放过他，直到把他啄成重伤，它才似乎平了心中的怒气，飞走了。

# 猫头鹰报复捉鹰崽的人

某年，五月的一个傍晚，湖北丹江口市郊一家姓张的农户，突然遭到了猫头鹰的攻击。说来奇怪，这家人一出门，就有一只壮实硕大的猫头鹰像战斗机那样，俯冲下来啄他们。女主人进进出出频繁，所以受冲击最多。有一次，她的额头竟被啄得皮开肉绽，吓得她不敢离家一步。

第二天清晨，男主人出门干活，刚刚迈步，猫头鹰便"嗖"地迎面扑来。只听他"哎哟"一声惨叫，右眼流血不止，急去医院检查，眼角膜不幸穿孔，当即失明。

猫头鹰通常昼伏夜出，善于捕鼠，但它怕人，从没听说它伤害人，这只猫头鹰为什么专门攻击张家的人呢？

原来，这年年初，有一对猫头鹰选了张家的墙洞作巢。它们安居乐业，生儿育女。不久添了5只可爱的小猫头鹰，成天"叽叽叽叽"地欢叫。

可是，一天上午，它们被村里的一群小淘气注意上了。孩子们不知道猫头鹰是益鸟，应该好好保护，竟去"抄家"捉鹰崽了。

他们爬上梯子用棍子在墙洞里乱捅一通，想把大猫头鹰赶走后，再动手抓它们的孩子。猫头鹰白天怕光，那时正在歇息，突然遭到了袭击。母猫头鹰和它的两个儿女慌乱中，从高高的墙洞跌下，当场摔死。公猫头鹰和另外3只小猫头鹰被生擒活捉。孩子们各人分得一个"俘虏"带了回去。张家儿子小涛带回一个最小的，养在家里玩耍。

再说，公猫头鹰毕竟老练，它惊魂稍定，趁逗弄它的孩子不注意，展翅飞逃而去。它飞回巢穴，见"妻离子散"，好不凄惨！悲痛之余，它一反常态，除了晚上捕鼠，白天也常飞出巢来，寻访小猫头鹰，也寻访它的"仇人"。

它的巢穴离小涛家最近，很快它就听到小猫头鹰的"叽叽"叫声。它几次想救出小猫头鹰，可总未如愿。这么一来，它更加恼怒了。于是，它采取了极端的报复手段，只要见到张家的人走出门，就不顾一切地向他们展开进攻……

孩子们的顽皮，直接造成了一个壮年男子的右眼失明，这可是惨痛的教训！

一窝猫头鹰一个夏天能吃掉近千只田鼠。一只田鼠一年繁殖100多只后代，如果每只田鼠一年糟蹋1千克粮食，那要损失多少啊！恩将仇报的人必将受到自然的惩罚。

# 野鸭搏击偷猎者

　　这件野鸭袭击猎人的事件发生在新西兰北岛特普克镇。当时，一个偷猎者进山打猎，正在林中行走，突然被天上飞下来的一只大野鸭扑倒在地。

　　这位猎人没明白是怎么回事，只感觉有一股强大的力量直冲他的脸颊，他站立不住，跌倒在烂泥地里。

　　等他刚刚爬起来，那只野鸭发动了第二次攻击，这次，它将猎人的眼镜打碎了，眼睛打肿了，鼻骨也打裂了。

　　偷猎者不明白是猎枪走火，还是火药味引来了野鸭的袭击？他爬在泥地里，用手抹去鼻血，冷静地想了想。

　　野鸭见偷猎者突然跳了起来，随即准备发动第三次攻击。猎人往旁边一跳，说时迟，那时快，抬起猎枪冲着野鸭就是一枪。毕竟是老猎人，就这一枪就击中了野鸭。中了枪的野鸭惨叫一声，狠命扑扇了几下翅膀，试图飞起来，但终于没能如愿。

# 人与猿猴打群架

  非洲索马里有一种比较凶猛的猿猴，它们常常闯到森林附近的村庄，偷吃农作物，损坏庄稼，与伊鲁升尔台尔部落中的农民发生了冲突。

  那天午后，农民西尼在玉米地看见一只健壮的大猿猴在掰着还未完全成熟的玉米棒子，边掰边咬，边咬边丢，庄稼地里已是狼藉满地。西尼看到庄稼遭损，气得捡起一根树枝，窜到大猿猴背后，挥手就打。这只猿猴惊叫起来，一面跳跃躲闪，一面却盯着西尼，并不逃跑。

  西尼心想，你毁我的庄稼，我可不能白白放过你，一不做二不休，把你捉住卖掉，正好补偿我的损失。

  谁知，此时从玉米丛中又钻出三只大猿猴，手里拿着刚掰下的嫩玉米棒，像扔手榴弹似地朝西尼乱掷，一个个都逼近西尼，露出龇牙咧嘴的样子。

  西尼面对着四只气势汹汹的大猿猴，不禁有点胆怯了。因为这种大猿猴除了个儿稍矮一点，体重和人接近，蛮力不小。一个人对付它们四只猴，显然要吃亏。所以他瞅着一个空子，虚晃一棍，拔腿就往村里奔跑，一路上大声呼喊着："歹徒来啦，快帮帮我！"

  村民们听见西尼的叫唤，纷纷拿了棍棒赶到村口，一看原来是四只大猿猴在追赶西尼，都觉得又好气又好笑，一个个驻足观看起来。

  这时候，西尼见到乡亲们出来了，认为有了依靠，返身又去向猿猴挑战。四只猿猴也看出了对方人多势众，便且战且退。西尼想在乡亲面前逞强，挥起树枝，舞得哗哗直响，一会儿追着这只猿猴打，一会儿又追着那只猿猴撩，不知不觉追了不少路。三十来个村民也跟着看热闹。

不料一到村外，形势陡然大变：只见几只猿猴不停地"吱呀吱呀"乱叫，刹那间引来无数猿猴（据村民后来回忆，估计总数不少于四百只）。别说西尼吓得变了脸色，就连其他三十多个村民也惊恐起来，他们一起转身便往村里跑。无奈这些猿猴也相当灵巧，一部分抢在前面，挡住了退路，村民们被它们团团围困起来了。

这么一来，原先看热闹的村民们不得不介入"战斗"了。幸亏他们中一些人出门时带着棍棒，背对背面向围拢包围圈的猿猴，挥舞手里的"武器"，守住了阵脚。猿猴虽有力气，毕竟没有人聪明，不会使用"武器"，只会徒手搏斗，乱撕乱抓，尽管四百多只猿猴围困了三十多个村民，它们却占不了上风。村民们倒是以守为攻，用棍棒抽打着敢于冲在前面的猿猴。一时间，有的猿猴被打得血肉模糊，有的受伤，有的倒毙。

"战斗"持续了四小时之久，猿猴伤亡越来越多。忽然，一声尖叫，不知是哪只为首的猿猴发出的信号，它们不再恋战，抛下死伤的同伴，遽然退出战场，很快就消失得无影无踪。"战场"上留下一副惨不忍睹的场面：一百多只猿猴横七竖八躺了一地。村民们也有不少受了抓伤、咬伤的，但总算无一死亡。

令人吃惊的是，第二天上午，大约五百多只猿猴在田头又一次向正在耕作的农民袭击。由于它们还是用原始方法发动攻击，张牙舞爪，徒手撕咬，虽然"英勇无比"、"前仆后继"，可是战果不大，损失不小。农民有了前一天的经验，随身都带了棍棒，而且还带着向同伴呼救的皮鼓，村里的人闻声赶来救援。这次战斗比昨天更激烈，更残酷。前后鏖战了六个小时，猿猴死伤了一百多只。农民中也有六人负了重伤，其中包括西尼在内。

不过，值得庆幸的是，伊鲁升尔台尔部落附近的猿猴经历了这次血的教训之后，终于偃旗息鼓，不再和人发生大规模的冲突。村民也不再侵扰猿猴，双方从此"和平共处"了。

# 人与蚂蚁的战斗

100多年前，在亚马逊河畔曾经发生过一场惊心动魄的人蚁大战。

亚马逊河畔有一个名叫拉脱维娜的农场，场主叫西蒙，在他的领导下，300多个工人在这里辛勤地栽种着咖啡豆、甘蔗和玉米，生活平静如水。他们万没有想到，就是那小小的、不起眼的蚂蚁打碎了他们的宁静。

原来，正有一条长10公里、宽约5公里的蚂蚁群往此地而来，这是著名的南美洲食肉蚁，它们所到之处，已是一片狼藉，牲畜死伤无数。

警察过来通知西蒙：立刻组织工人转移到河对岸去。他说，如果再晚一步，恐怕就来不及了。

西蒙想起在他6岁时，他的故乡也曾发生过一次蚁患。被蚂蚁洗劫过后的村庄，庄稼死了，牲畜死了，侥幸活下来的老鼠等小动物纷纷跑了，村庄死一般地寂静。想到这里，西蒙不禁异常焦虑，他想：如果按照警察的安排，全部人撤离，人命是可以保住的，但那成片的咖啡豆地、甘蔗地、玉米地岂不难保？

正想着，有几名工人来到西蒙的办公室，他们说工人们都不愿意撤离，他们愿意留下共同保卫自己的家园。西蒙听后，非常高兴，他大声说："我就不相信我们这么多人，斗不过区区小蚂蚁。"

决心下定后，西蒙便和大家制定了斗蚁方案。首先，他们将老弱妇幼和牲畜转移到河对岸，然后将居住区的所有排灌沟加深加宽，检查所有的抽水机和控制闸，保证能随时投入使用，另外又建立了以办公室为中心的一条和储油库相通的耐火材料沟，以准备在必要时发动火攻、水攻。

正在准备时，人们发现大群鸟儿惊慌地鸣叫，纷纷朝远处逃逸，一些野兽也心神不安地胡乱奔突，从森林里跑出来，四处逃窜，一只豹居然和一群猴子一起狂奔，看样子，它只顾逃命，已顾不上捕食猴子了。大家知道这就是蚂蚁即将到达的先兆。

第三天清晨，果然有一大片黄褐色的南美洲食肉蚁出现在森林的边缘，人们虽然已经准备就绪，但真正看见这群可怕的蚁群时，还是忍不住紧张起来。这时，一只母豹突然从森林中窜出，看它那大大的肚子，就知道它就要生小豹子了。也许正是这个原因，所以它才没有和其它豹子一起提前撤离。

人们看见，这只慌里慌张逃出森林的母豹浑身已爬满了蚂蚁，无论它怎么跑，怎么跳，蚂蚁们都像一根根钉子一样牢牢地钉在它的身上。只用了短短的4分钟，这只豹妈妈连同它肚里的小豹子就双双被咬死了，只剩下一堆骨头。

看到这个情景，人们更加紧张，连最胆大、最勇敢的人此时也忍不住浑身颤抖。一个小时后，蚂蚁越来越近了，只见它们个个有半个拇指般大小。它们前进时发出的"沙沙"声也足以让人心惊胆颤。

有一队蚂蚁来到排灌沟前，然后迅速朝两边散开，很快，它们便以沟为界，将居住区团团包围，小小的居住区一下子成了"汪洋大海"中的一个"孤岛"。

隔着只有20米宽的排灌沟，里面的人和外面的蚁互相对视着。蚂蚁们已经停止了爬动，那可怕的"沙沙"声虽然没有了，但反常的寂静仍然让人胆寒。双方就这么对视着，谁也不先动手。

好一会儿，还是蚂蚁们先沉不住气，它们开始行动了。只见它们很有秩序地排好队，然后，一只叠一只，最后叠成一堵近2米高的蚁"墙"。人们望着，惊呆了，不知这些蚂蚁们到底要干什么。

这时，蚁"墙"最上面的一只蚂蚁突然纵身一跳，企图一下跳过排灌沟，但没有成功，而是跳到了沟里。紧接着，第二只蚂蚁往下跳，又跳进了沟里。西蒙场主终于明白蚂蚁的目的了，它们是想一只接一只地跳过排灌沟。西蒙连忙命令工人打开抽水机，抽水机一响，沟里的蚂蚁立刻就被冲走了。

蚂蚁们并不甘心失败，它们又连续组织了多次进攻，但所有参加跳的蚂蚁都跳进了沟里，被水冲走了。终于，蚂蚁们退却了，全部撤回到森林里。

见蚂蚁们走了，工人们大大地松了口气，以为万事大吉了，没想到，下午，蚂蚁们又来了。这次，它们改变了进攻方式，不再叠蚁"墙"，而是从森林里拖来了许多树叶。

西蒙和工人们又愣了，不知蚂蚁们拖来那么多树叶是为什么，他们紧张地关注着蚂蚁们的行动。只见蚂蚁们分作两队，一队爬上树叶，另一队把树叶推下沟，树叶载着蚂蚁们渐渐向这边漂过来。西蒙又一次明白了蚂蚁们的目的，原来它们是用树叶当"登陆艇"。他连忙下令再开抽水机。抽水机再次响起，"登陆艇"翻了，上面的蚂蚁们又被水冲走了。

尽管蚂蚁们很顽强，但终究抵不过强大的抽水机，它们又失败了。

当晚，突然狂风大作，风将电线刮断了，抽水机无法使用了。已经准备撤退的蚂蚁们好像知道抽水机坏了，突然又掉转头，再次准备进攻。

工人们着急万分，西蒙下令打开不需要用电的排水闸。排水闸一开，沟里的水迅速往下游流去，沟里的蚂蚁们成批被冲走了。但只排水而没有抽水机把亚马逊河的河水抽过来，沟里仅剩下的一点水很快被排干了。

沟里没有了水，蚂蚁们争先恐后冲过排灌沟，直逼居住区。大家吓坏了，只得全部退往耐火材料沟后面，然后把汽油罐点上火，扔进沟里。冲到沟旁的蚂蚁们被熊熊大火吓住了，暂时停止了进攻。

天很快亮了，当疲惫的人们从梦中醒来，惊恐地发现，他们和蚂蚁之间虽然还隔着一道火沟，但蚂蚁们已沿着火沟将他们团团包围了。居住区与亚马逊河之间的通道也被蚂蚁们切断，这就意味着如果这时工人们再想撤到亚马逊河对岸去，已经是不可能的了。

想起那只被蚂蚁们仅用了4分多钟就吃得只剩下骨头的老母豹，看到自己已被蚂蚁包围，又见储存的汽油已经不多，工人们有些绝望了，有的人甚至哭了。

西蒙作为场主，更加着急。急中生智，西蒙突然想到了一个办法。在亚马逊河口有一个大水闸，如果打开这个大水闸，亚马逊河河水就会倒流过来。倒流过来的河水肯定会淹没农场，但也会将这批蚂蚁淹死。

为了保住工人们的生命，西蒙决定牺牲农场。然而，水闸开关在火沟以外300米处，而火沟外都已是蚂蚁们的天下，要想去开水闸开关，必须冲过蚂蚁群，那样是很危险的，有可能还没有跑到水闸开关处，就被蚂蚁吞食了。

年轻力壮的小伙子们，明知道这个计划很危险，但他们仍自告奋勇地向西蒙表示愿意前往。西蒙从中挑选了三个小伙子，他和他们三人共同组成一个小组。然后，他们迅速进行"全副武装"，在身体的最里面穿上紧身衣裤，外面穿上密封服装，再戴上头盔和手套，穿了好几双袜子，再套上长统靴子，把所有的衣、裤开口处都用绳子牢牢扎住。

一切准备就绪，四人开始行动。他们首先用土在火焰中压出一个小缺口，有"飞马腿"之称的劳斯一下子就冲了出去。西蒙和另外两人密切关注着劳斯的行动，随时准备万一劳斯行动失败，他们就要紧随而上。

劳斯不愧有"飞马腿"之美称，他只用了两分半钟就跑到了水闸开关处。但是，就在他冲出去的一刹那，"眼急手快"的蚂蚁们就已经爬到了他的身上，等到他跑到开关处，他的身上已遍布蚂蚁。劳斯顾不得拍打身上的蚂蚁，他知道就是拍也是拍不完的，因为又有无数的蚂蚁正在往他身上爬。他喘了口气，用尽全力，终于将闸门打开，顿时，亚马逊河河水倾泻而入。

劳斯打开开关后，迅速往回跑，这时，他感觉到有几只蚂蚁正在啃咬着他的内衣，他不知道这几只蚂蚁是如何穿过外衣钻进去的。劳斯继续往回跑，眼看就要到达目的地了，他突然感到背上一阵撕心裂肺般的疼痛，他猜想蚂蚁肯定已经咬破了他的内衣。他咬牙忍住剧痛，可那几只蚂蚁却越咬越狠。他实在坚持不住了，"扑通"一下昏倒在地。

西蒙和另外两个小伙子见状，立即冲了出去，抬起劳斯就往回跑，他们看到劳斯的背上有一个大洞，那正是被蚂蚁咬的。

经过紧急抢救，劳斯终于醒了，他发现他和大家正坐在木船上，望着被大水淹没的农庄，再看看大水里数以百万计的被淹死的蚂蚁，感慨地说："我们终于战胜了它们，尽管我们也付出了巨大的代价，但我们毕竟胜利了。"

# 探险家只身战鳄鱼

英国著名的探险家汤姆逊，曾孤身一人，来到非洲扎伊尔河上游，在浓密浩瀚的原始大森林中徒步旅行。

一天中午，他唇干舌燥，口渴难忍，好不容易才找到一个清澈的林间大池塘。他大喜过望，来不及仔细观察，就急不可待地俯下身去开怀畅饮。这时，一条潜伏在池边草丛中的非洲大鳄，正悄悄向他逼近，并突然咬住他的一条腿，用力往水里拉。汤姆逊大吃一惊的同时，又感到一阵难忍的剧痛。但他当机立断，马上拔出手枪，对准鳄鱼就是一枪。谁知这条2米多长的巨鳄的"盔甲"坚硬无比，子弹射中它外皮的棱甲后，居然被弹了出去！

汤姆逊看到后大惊失色，连忙举枪再射。谁知在这个"生死存亡"的紧要关头，子弹竟然又卡壳了！汤姆逊目瞪口呆，一时不知如何是好。而他被咬的腿血流如注，血肉模糊。鳄的利牙正将他的腿骨咬得"咯咯"作响。汤姆逊心里明白，自己坚持不了多久了。

事到如今，他反而横下一条心，冷静下来，考虑着怎么才能寻找到一条生路。忽然，他发现脚下有一个在阳光下闪闪发亮的东西，定神一看，原来是他的镀金打火机，是刚才掉落的。猛然间，他眼睛一亮，灵机一动，竟然想出个"活烤鳄鱼"的绝招。

他当即拾起这个气体打火机，对准鳄身，拧开火就烧。鳄鱼扭动几下身躯后，却没有松口。汤姆逊咬紧牙关，把喷气旋钮拧到最大。这时只见金黄色的火焰立刻高高射出，呼呼直响，直往鳄鱼身上窜。

可是，由于这条巨鳄身上的硬甲特别厚，加上鳄鱼本身就是"怕冷不怕热"的动物，况且它已饥饿多日，所以硬是不松口。情急之下，汤姆逊蓦然想起一名动物学家曾经告诉过他的，鳄鱼腹部的皮，要比背部的皮薄得多，而最薄的地方是咽喉下方的部位。

　　于是，他马上把打火机移到鳄头下面猛烧。这下子，这条凶残而顽固至极的巨鳄，再也无法忍受了。它终于松开嘴，翻身打着滚，落荒而逃。显然，这一次烧到了它的要害部位。

　　这时，汤姆逊一下子倒在地上。不过，他仍然很冷静而又迅速地从自备的"急救包"中，取出绷带和消毒液，将伤口处理好。到了此刻，他才觉得天旋地转，头晕目眩，一点力气都没有了。

青少年自然科普丛书

qingshaonianzirankepucongshu

动物与人

# ◎ 和平共处 ◎

　　"天人合一，万物和谐"是我国古代哲人提出的理想世界；只要人类"放下屠刀、立地成佛"，动物和人类是能够和平共处的。

# 我国养鸡起源

鸡是最早被人驯养的动物之一。关于我国家鸡的来源，一些资料讲是由印度传入的，这种不正确的说法可能是受达尔文的影响。因为达尔文在他所著的《动物和植物在家养下的变异》一书中说："在印度，鸡的家养是在《玛奴法典》完成的时候，大约在公元前1200年前，不过也有人认为只在公元前800年。"

在该书中的另一处，达尔文根据一本《中国百科全书》宣称："鸡是西方的动物，是在公元前1400年前的一个王朝时代引进到东方（指中国）的。"

达尔文没有提到他根据的《中国百科全书》的书名，但说是在1609年出版的，而在书中另一处又说是1596年出版的。《本草纲目》被西方誉为"中国古代的百科全书"，恰是在1596年出版的，但书中并无与此相关的记载。而1609年出版的比较著名的中国"类书"，只有《三才图会》，该书中倒有一段关于鸡的说明："鸡有蜀鲁荆越者种，越鸡小，蜀鸡大，鲁鸡尤其大者，旧说日中有鸡。鸡西方之物，大明生于东，故鸡入之。"

此书所说的西方，显然指蜀、荆等地，也就是中国的西部。"大明生于东"，有的学者认为说的是"大明"年才引至中国东部的。

《三才图会》中这段关于鸡的说明，本身就有错误。因为据史籍记载，早在春秋战国时期，吴国国王夫差就曾在江苏吴县筑了三座方圆十多里的城专门养鸡。后来越王勾践也曾大量养鸡。可见当时中国东部的养鸡业已非常发达。因此，达尔文说中国的鸡是从印度传入的，显然是误解了《三才图会》中关于鸡的错误记述，错上加错。

我国考古专家在约4400年前属于龙山文化时期的三门峡庙底沟居民

点遗址中，发掘到鸡的骨骼。在比龙山文化略早的湖北京山县屈家岭遗址中还找到了陶鸡。殷商时代的甲骨文中已出现"鸡"字，周朝的《诗经》中多处提到鸡，东周战国时期还设有"鸡人官"专司祭祀。

　　这些证据都充分说明鸡在我国驯化，与我国古人和睦共处，至少已有3000年的历史，同时也可以看出，养鸡在古代，不仅分布于我国南部，而且也广泛分布于黄河、长江流域。

# 我国古代的养鸽风气

我国驯养鸽子有文字记载约有2500多年历史，但是有文献记载时，已是养鸽盛行的时期。相传，西汉的张骞、班超出使西域各国时，就使用信鸽通信联络。在四川省芦山县汉代古墓中发现的"陶楼房"山墙上有一个鸽舍，也足以证明当时就养有鸽子。到了唐朝，有名的宰相张九龄，家养群鸽，书系鸽足三千里送信，名曰："飞奴传书"。唐末的南剑牧陈海，家里养鸽达千只。唐代诗人徐夤有《白鸽》诗曰："举翼凌空碧，依人到大邦。粉翎栖画阁，雪影拂琼窗。振鹭堪为侣，鸣鸠好作双。狎殿归未得，睹尔忆晴江。"

诗的第一句是写白鸽飞入云天的姿态。鸽的飞速可达每小时70公里，曾有一头信鸽9小时飞了570公里。紧接一句是写鸽子远离故土，随主人到他乡。三、四句则通过鸽子动与静的两个画面，烘托出鸽子的迷人之处。鸽子倦了，收翅栖息在画阁之上，稍待喘息过来，又上征途，只见它洁白的身影一闪，就迅速掠窗而过。一个"拂"字把鸽子神速轻盈的飞行维妙维肖地形容出来。后四句，诗人假想白鹭可与白鸽作伴，斑鸠与鸽子可一起嬉游，最后联想白鸥在江上自由自在，鸽子却归心似箭急急回乡的场景。

到宋朝，养鸽已成为一种社会风气，南宋朝廷就养鸽几万只。皇帝赵构不仅喜欢养鸽，还自己放飞，故有人写诗讽刺他："万鸽盘旋绕帝都，暮收朝放费工夫。何如养取南来雁，沙漠能传二圣书。"

清代李调元在《南越笔记》中介绍，广东佛山镇每年举行"放鸽会"。这说明我国民间约在16世纪末到17世纪初就开始了信鸽竞翔活动，开始有了自发的赛鸽运动。

信鸽往往是一种广义概念，它的起源很早。而赛鸽，即专门作为运动项目、作为竞赛归巢、速度或负重等项比赛的赛鸽，还是近几百年来发展起来的事，鸽子与人类生活的关系越来越密切了。

# 用于军事的"军鸽"

信鸽用于军事上，则可专门称为"军鸽"。人们对军鸽进行特种训练，使军鸽掌握特殊本领，在各种复杂情况下为人类服务。

鸽子具有归巢的习性，放飞近千公里也能"回家"。

驯鸽员经常把鸽子送到几十公里、几百公里外去放，鸽子养成了归巢飞行的习惯，人类利用它们的这种习性来传送信件。

对于远程和超远程飞行来说，鸽子们总会碰到恶劣的气候。因此，驯鸽员对军鸽坚持雨天训练，往往会有很大收获。

鸽子和其他鸟类一样，生活习惯是白天飞行夜晚休息。但经过训练，军鸽也会习惯夜飞。习惯夜飞对执行远程和超远程任务是很有益的。

驯鸽员驯鸽时尽可能选择障碍物较少的路线，因为鸽子夜飞时都是低飞的，很容易撞在电线杆等障碍物上。同时注意尽量选择在月光或星光下进行这种训练，这样成功率就大了。

军鸽在异乡客地过夜，这在远距离执行任务中是不可避免的，所以使鸽子具有野外宿夜的本领，是很必要的。驯鸽员把经过东西南北四周训练的鸽子，在夜晚送到50公里以外的地方放掉。绝大多数的鸽子就在放飞地栖息一夜，待天亮时再飞回家。

驯鸽员非常注意放飞距离和时间，不要让鸽子在暮色中飞回巢。另外放飞地点以农村平坦野地居多，选临近住宅楼房和山林地带，这是为防鸽子进入有灯光的楼房窗户或被山林内老鹰等侵袭。

高山磁场对军鸽辨别方向不利；深山峡谷影响飞行鸽的视线；沿海、河流因茫茫大水一片，且又容易引起局部的强气流，对放飞的鸽子也会增加归巢的难度。为了让鸽子在任何地形条件下都能准确归巢，驯鸽员分别在盆地、高原、沿海、河流、湖泊、山涧、峡谷等不同地形进行放飞训练。虽然，现代通讯技术使军鸽送信已无用武之地，但鸽子作为人类的朋友，其"友谊"是天长地久的。

# 猫是人的"宠儿"

古往今来，猫一向为人所宠爱。在古埃及，人们曾经视猫如神，如果谁养的猫死了，主人就把自己的胡子剃掉，以示哀悼。

今天，猫越来越成为人的"掌上明珠"，他们把猫当作孩子一样地娇宠。这除了猫本身漂亮、可爱、灵巧外，还有一个原因就是有许多人因为寂寞而养猫，他们养猫是为了聊以解闷，当然还有别的原因。

以美国为例，美国有四分之一的人家养猫，各人养猫的目的不同：老人养猫为了排解寂寞，贵妇养猫为了显示自己高贵的身份，小孩子养猫则是为了有个伴儿。

因为有众多的人养猫，所以，美国的猫数高达3400万只，每年消耗的猫食就达100万吨，价值14亿美元。同时，为猫服务的行业也应运而生，其中有猫美容室、猫旅馆、猫餐厅、猫医院、猫休养地、猫百货店等，还有专门人员为猫服务，如猫心理学家、猫医生等。

有个猫旅馆专门接待猫，那里有各等房间，设备齐全，房租每天6-7美元。猫入住后，受到的待遇和贵人差不多，侍者不仅对它们彬彬有礼，服务周到，而且每天还要把主人的信件读给它们听。你看，生活在这里的猫简直可以和人平起平坐了。

被人娇宠的猫已经失去了它原有的本性。它的本性是什么？当然是捕鼠，而这些猫几经杂交，虽然越来越漂亮，越来越名贵，但它们只是人的"玩物"，而不是真正意义上的猫了。

中国人养猫，特别是农村人家养猫，主要还是为了捕鼠。因为老鼠是遭人讨厌的，而猫能帮助我们消灭这个讨厌的东西，所以，猫就格外受到人的爱护了，天长日久，猫就成了我们的朋友。

# 人工难育大熊猫

自1963年北京动物园首次成功繁殖大熊猫以来，国内外12家动物园和卧龙自然保护区，共繁殖大熊猫74胎，产仔109只，但存活半岁以上的仅37只。平均每胎出生1.52只，比野外高；但死亡率达66%，也比野外高。1987至1989年，人工繁殖大熊猫连续三年成绩不理想，出现滑坡现象。于是在我们面前严峻的问题便是：人工繁殖大熊猫困难的症结在哪里？

以国内外人工饲养的大熊猫进行对比，可以发现国外的情况要好一些。雄兽发情率和雌兽产仔率，皆高于国内。

专家们认为国外情况好于国内的主要原因，在于饲养管理水平较高。国内各动物园，饲养管理大多粗放，饲料配方单一，基本配方都是窝头、奶粉、竹子、水果及少量添加剂等。也就是说，饲料基本上以碳水化合物为主，这势必影响熊猫的发情与受孕。因为一旦蛋白质缺乏，必将造成性激素水平低下而使大熊猫不发情。与生殖有关的微量元素锌、锰的缺乏，还可能造成雄兽精子活动减弱；雌兽受孕后胚胎不着床、胚胎吸收及流产。国外动物园饲养大熊猫的主食，多是一种富含肉类蛋白质的配合饲料，其中配以微量元素。所以饲养在国外为数不多的大熊猫，多数都有正常的发情表现。

由于大多数饲养的雄兽不发情交配，所以人工授精成为最基本的繁殖手段。但人工授精的受孕率太低，其主要原因还在于我们对大熊猫的生殖生理了解得太少。

从以上分析我们不难看出，繁殖大熊猫的几个关键：准确的掌握排卵时间、自然交配或是良好的精子质量、正确的人工受精部位。

所以，解决大熊猫繁殖的关键，在于科学饲养管理。我们欣喜地看到，一些单位已做了有益的探索，加强营养研究，把培育能交配的雄兽作为饲养繁殖的主攻方向等。对此，我们有信心并期待着不久的将来在人工繁殖大熊猫工作中有所突破。

# 世界各国争养鸵鸟

1838年，南非率先进行人工养殖鸵鸟的研究，把鸵鸟的肉、油、皮、羽等用于人们的生活。接着，澳大利亚也开始人工养殖鸵鸟。

从20世纪60年代起，越来越多的国家人工饲养鸵鸟。美国是最早实行"牧场式"人工养殖鸵鸟的国家，现已拥有鸵鸟15万只。

为什么各国竞相养殖鸵鸟呢？关键是鸵鸟有着重要的经济价值，能够为我们带来可观的经济收入。

鸵鸟繁殖能力强，人工驯养的非洲鸵鸟一般3岁不到就可以繁殖后代了，而它们一般寿命在60多年，其中有四五十年都可以繁殖。一般的，鸵鸟年产蛋80-120枚，这些蛋中可孵化出近50只小鸵鸟。所以，鸵鸟的肉不仅质量好，而且产量高。

鸵鸟不"娇气"，什么环境都可以生存，而且抗病力强，不太生病，更很少死亡。除刚刚出生的小鸵鸟在出生时需要一定的保温外，成年鸵鸟能适应各种恶劣环境。

除了肉能卖钱外，鸵鸟皮、蛋、毛，甚至油、眼角膜都有很高的经济价值。目前，鸵鸟的养殖业在世界上不少地方成了有着可观收入的行业。

南非的奥兹顺鸵鸟养殖场，每年宰杀约4万只鸵鸟，生产鸵鸟肉罐头、香肠等800吨，出口鸵鸟肉几千吨。同时，他们从70年代起，广泛开发新产品，用鸵鸟皮制作各种皮制品，他们生产的鸵鸟皮革制品已占世界市场总量的70%，因而，也获得了可观的经济效益。

津巴布韦的蒙哥马利农场是该国最大的鸵鸟养殖场，每周都能为市场提供15吨鸵鸟肉，同时，还出口大量鸵鸟肉，年创汇达8000万美元。

进入80年代以后，更多的国家效仿南非、津巴布韦等国，相继成立了鸵鸟协会，开办鸵鸟养殖场，鸵鸟养殖业得以迅速发展。

1988年，一位叫林灼辉的广州人，大胆地从国外引进了非洲鸵鸟和澳洲鸵鸟，并开始研究、养殖。不久，山东的青岛和沂南等地区也相继引进了鸵鸟，并进行养殖。从此，我国的鸵鸟养殖业蓬蓬勃勃地开展起来了。现在，我国从南到北，由东至西，先后有21个地方兴建鸵鸟养殖基地110多个，已有鸵鸟2万多只。

# 伴狮五十年的人

　　这是一个真实而又令人毛骨悚然的镜头。在无边无际的非洲草原上，点缀着几棵猴面包树，到处是一丛丛矮密的灌木。突然，随着汽车喇叭声，一辆面包车风驰电掣般地驶过，扬起漫天的尘土。就在这时，从车上跳下一位袒胸露背的赤足老人。随着白发老人的出现，一大群饥肠辘辘的狮子便簇拥在他的旁边，争先恐后地抢他扔下的肉块，几只馋嘴的狮子甚至冲到了他的身边，咆哮着向他要吃的。这群威风凛凛、目中无人的猛兽，谁见了不退避三舍呢！可这位穿着短裤、光着脊背的白发老人却镇定自若，像抚摸爱畜似地挨个摩挲它们……

　　原来，这位白发老人曾伴着狮群生活了50年！

# 法国兵与豹同眠

18世纪行将结束的最后那几年里，法国的拿破仑还没有当上皇帝，正领兵远征埃及。故事就发生在埃及的沙漠里。

这年的一天夜里，一头成年的雌豹正忍着饥饿，踽踽独行着，回到它的洞穴里来。唔，豹子闻到了什么味儿？它放慢了它那特有的轻捷而柔软的步子，用鼻子使劲嗅了两嗅。对，这是血腥味，一阵新鲜的血腥味。这马上引起了它更为强烈的食欲。它先小心地环视一下四周，不见有外来的野兽，就连纵带跳地朝血腥味飘来的方向跃去。果然，这是一匹刚刚咽气的棕色马。它的肋腹血肉模糊，一副精疲力竭的样子，连背上的马鞍、马蹬也没卸下来。看来是有人穷凶极恶地驱策着它跑，一直赶得它再也跑不动，一下倒毙在这里的。

有马必定会有人，可是这时的豹子，已有3天没有东西下肚了，它无暇多加思考，只是一下扑在马身上，扒开了马肚……等它吃了个撑肠挂肚，这才站起来，舔舔血污的前爪，踩着轻柔的步子，回到窝里去。

呀！洞穴里怎么有股陌生味儿？豹子退后一步，谨慎地探进头去。啊！这是个人。这会儿，他正蜷缩着身子，睡得很香，不像会加害自己。吃饱了肚子的野兽往往是好说话的，既然这个长两条腿的动物不来妨碍它，山洞又是足够大的，雌豹就在离他不远的地方躺了下来，随即，也就呼呼入睡了。

这位有幸与母豹同穴而卧的小伙子，原来是一个法国士兵。他是随着德塞克斯将军来远征埃及的，在一场打得昏天黑地的战斗中，他被阿拉伯人抓住当了俘虏。

他抽身逃出来后，偷了一匹马，风驰电掣般朝他认为法军所在的方向跑去。跑了一天的马还没有恢复体力，终于倒了下来。这时的法国士兵也早已腿膝酸软，他看见土丘的背阴处有一个宽敞潮湿的洞穴。他钻进洞里，闻到一股臊味儿，他以为沙漠里不会有什么猛兽，只以为是沙漠狐之类的小动物。这时，疲累已经战胜了他，他来不及细想，一头倒在地上躺下来，10秒钟后，已经进入了梦乡。

大约是半夜时分，他被一种奇异的声响惊醒，一下子坐了起来，四周寂静无声，只有一阵阵轻轻的很有节奏的呼吸声。这声音却很有力。他断定，这决不是人所能发出的声音。由于极端的恐惧，他的心脏几乎停止了跳动。他吃力地睁大眼睛在黑暗中探索，终于，发现有两束微弱黄晕的光。一头大野兽正躺在离他三步之遥的地方。

这时的他，出于恐怖，已变得十分的敏感。昨夜睡前未曾好好辨认的气味变得强烈异常。这是一股子刺鼻的臭味，有点像是猫身上发出来的，只是要浓重得多。月亮已经下沉，月光很快照进了洞穴。这个士兵看到了一头豹子斑斑点点的皮毛。它全身蜷曲着，像条大狗。它的眼睛刚才还睁开过那么一会儿，现在又闭上了。它的脑袋正对准了这个法国年轻人。眼下，他已成了这头野兽的俘虏了。

他在紧张地做着估计：我能用火枪一枪把它结果掉吗？不，不行，距离太近了，我的枪身抢不过来，无法瞄准。万一在我调转枪头的瞬间，它醒了过来，我可是有死无生了……

一想到这一点，他倒抽了一口凉气，寂静中他听到自己的心在怦怦跳动。

他有两次将手伸向马刀，想出其不意地一刀劈过去，将这颗美丽的豹头剁下来。可是他意识到，要斩进这滑溜而又坚硬的皮毛决非一件易事，如果一刀不能结果它，反过来，他只有一死。于是，他只得放弃这个大胆的计划，决定等到天亮再说，到那时，只有与这家伙搏斗一场了。

天色已经放亮，母豹还在打鼾。它的姿态与猫一般可爱。它的头枕在满是血污的、强健而又凶恶的前爪之中。在它的嘴边可以看到几根银色的胡须。当太阳升起的时候，豹子睁开了眼睛，然后舔了舔它的前爪，像要舔去前爪的僵硬。它打了个呵欠。在打呵欠的时候，它张开了那血盆大口，露出了满嘴可惊可怖的牙齿。它那卷曲的舌头，活像是一把锉刀。随即，它动作柔韧地打了一个滚，又认真地舔净了爪上的、嘴边的血污，安闲地抓挠它的头。这一切，它都是当着这个两脚动物的面做的，只有眼睛始终没有离开他。

有那么一瞬间，豹子看见这两个两脚动物的手里有一件什么东西一闪，这是法国人在握匕首。豹子牢牢地盯着他，它的目光中发出一种令人不寒而栗的金属的光泽来，使他连忙又将匕首放回老地方去了。母豹站了起来，走近他。他打了一个寒颤，随即迅速镇静下来，态度也由恐惧转而为爱抚。他在朝它眨眼睛呢，像是要对它施展魔法。然后，这个人让它走近，缓而又缓地伸出手来，抚摸起它的背脊来，从头摸到尾。他在用指甲抓挠它那柔韧的脊椎。这些动作很轻，令豹子充满了快感。它快慰地翘起尾巴，眼睛里闪烁着奇异而又湿润的光泽。当这个人第三次对它抚摸时，母豹不由自主地发出了一阵阵像猫在感觉舒服时所发出的"咕噜咕噜"的声音。这声音来自它那壮硕的咽喉深处，甚至在洞穴中都响起了回声。豹子已是有点沉醉了，它在他的面前躺下来，美美地享受着他给予的按摩。

这个两脚动物终于停止了他的抚摸，装出想满不在乎随便走走的样子，站起来，慢慢地踱出洞去，然后爬上土丘。母豹没有难为他，任凭他走。但一等他在它的视线中消失时，它又倏地跳了起来，像山雀从一个枝头跳到另一个枝头那样，轻快地跳出洞来，紧随其后，并且舔了舔这个人的双腿，还向他鞠起躬来。继而，它以呆滞的目光看着它的客人，发出了一声咆哮。这个人站了下来，他知道，凭着自己的两条腿，他休想逃走。他又伸出手来要弄它的耳朵，抚摸它的肚腹，并用指甲有力地抓挠它的头部。这叫豹子感到一阵阵的快意。它抬起头来，伸长了脖子，它的整个姿态都说明，它正陶醉在快感之中。接着，它又撒娇地在他的面前躺下来。它看见这人两次举起了他那明晃晃的短家伙，在它的脑袋上和咽喉部位比划，只是他怕一击不中反受其害，最终还是收了起来。豹子的目光一直没有离开过他，它的目光中既流露有天生的野性，也不乏善意。这会儿，他正依在一棵棕榈树上，在吃沙枣，他的目光在沙漠上扫视，看看能不能在什么地方找到一个帮手。豹子朝这人丢扔枣核的方向看，它目光中透露出无限的不信任。只有当他停止吃枣时，它才显得满意，用它那粗糙的舌头舔着他的鞋子，在鞋的折皱中舔去尘埃。

这个人转过身来，看到他那坐骑的残骸了，豹子已经移动过马的尸体，并已将三分之二的尸骸装入了它的肚子。这时，他才明白过来，为什么豹子竟不来加害他。他又在豹子的身边坐下来，开始和它逗着玩：他提起它的前爪，拉拉它的耳朵，摸摸它的嘴巴，把它摔倒在地，轻轻地挠它那温暖、天鹅绒一般的肋下。豹子任他摆弄，当这人试着理顺豹子前腿的皮毛时，豹子竟还小心翼翼地收起了它的爪子……就在这样的气氛中，他们相安无事地度过了一天。

其实，在这个法国士兵抚摸豹子的同时，他不是没有起过杀心的，只是在他内心的深处，有一个声音，要他饶了这个无辜动物的生命。他觉得，在这茫茫的沙漠中，它已是他的朋友，他甚至情不自禁地称起母豹为"亲爱的"来。

当他用带腔调的声音叫它"亲爱的"时，他的"女伴"竟也会抬起头来看他。这时，太阳已经西沉，夜已降临了，东方的夜空很美。豹子又发出了深沉忧郁的咆哮声。

他对这头野兽说："走吧，金发女郎，你先回去睡吧！"

他指望在它熟睡之中，用他那双灵巧的双腿逃走。经过一天的休息，他感到自己已经足够强壮了。

豹子果然听话地睡下了，看上去睡得很沉。假寐在洞口的士兵焦躁不安地等待着这个宝贵的时机，他选择了一个他认为最好的时机溜出了洞穴。他急匆匆地朝着尼罗河的方向进发。还没有走上半英里，他听见豹子从背后追来。母豹时不时发出拉锯一般的吼声，这吼叫声比它追踪他时所发出的脚步声更令人心悸。

士兵回头看了一眼，不由自言自语起来："天啊，它可真的成了我的女友了！"

就在这个时候，法国人一脚陷入了那种沙漠中常见的流沙之中。这对人来说是万分危险的，它比落水更难自救。当他发觉到这种危险时，他的双腿已陷入流沙之中，并正在迅速地往下陷，不消10秒钟，他这个人就会消失得无影无踪。他吓得大叫一声，双手无助地挥舞着。就在这千钧一发的当儿，雌豹一口衔住了他的衣领往回飞奔，将他拉出了这个死亡的陷阱。

这个士兵惊魂未定，他躺在地上，用手抚摸着豹子，叫道："亲爱的，现在，我们已是同生共死的患难之交了。走吧，我跟你回去就是了！"

他挣扎着站起来，一同回到了洞穴里。

从此，这个士兵在这漫无边际的沙漠之中已不再感到寂寞，除了有泉水解渴和沙枣充饥，还有一个能与之交谈的朋友。这头野兽对他已收敛起了它所有的野性，似乎感受到了他的情谊，个中的原因，他是无法解释的。

就在这一天，不管这个士兵如何警惕，他还是睡着了。当他醒来时，他怎么也找不到他的"亲爱的"。于是，他登上了土丘，他看到母豹从远处奔来，上唇满是血污。

士兵高兴地叫了出来："啊，啊，你别是吃了一个人吧？来，来，我给你按摩一下！"

雌豹任它的朋友抚摸着，嘴里"咕噜咕噜"地不断呻吟，表明它是多么的幸福。它像小狗一般地玩耍：来来回回地翻着跟斗，让法国人轻轻打它，抚摸它，常常逗引法国人和它一起玩耍，还不时把脚爪伸向他，像是对他发出邀请。

有一天，晴空万里，一只巨大的老鹰在天空中飞翔。法国人离开他的朋友，去观察这位新客人。可是，他才一走开，豹子便发出沉重的咕噜声，它的双眼里重又充满了野性的光芒。

这个士兵叫了起来："瞧这豹子的模样，我敢说，它是在嫉妒呢！"

就这样，他们一起度过了好几天：豹子吃肉，士兵吃沙枣和麦粒。法国人将他的一件衬衣做成一面旗帜，挂在棕榈树的顶上，也许，过路的旅客看到了会来拯救他。

可是，一只豹子与一个人之间的友情，最终还是被一场误会闹翻了。到底谁是谁非，很难说得清楚。总之，有一天，这个士兵不知怎么来着弄痛了豹子，它倏的一下愤怒地转过身来，用它那锋利的牙齿衔住了他的大腿，只是，它并没有狠命地咬，而是那么不轻不重地衔了一下。可是，尖锐的疼痛使这个士兵失去了理智。他以为这只豹子要吃掉他了，慌乱中，他一匕首扎进了它的脖子。豹子翻滚着身躯，鲜血淋漓，发出一声撕裂心肺的吼叫，随即便断了气。然而，它最后的目光却还是温和而又充满柔情的。

　　最后，法国军队终于看到了这个法国士兵的"旗帜"，将他救了回去，但是，他却一直在哭泣。他一直喃喃地说："我情愿付出我的十字勋章，如果能让它再获得一次生命……"

# "蛇女"养巨蜥

　　法国女探险家尼古拉·维罗多以她只身闯丛林、赤手擒毒蛇的壮举驰名遐迩，被誉为举世无双的女杰。在非洲丛林和沙漠，在美洲亚马逊河流域曾留下她大量的探险足迹。一时间，许多惊险而奇特的故事不胫而走，与此同时，"蛇女"的雅号也和她结下了不解之缘。前不久，"蛇女"从澳大利亚探险归来，又向人们披露了她最新的探险历程。

　　长期的探险生涯在"蛇女"身上留下了许多不可磨灭的印记。唇上的伤痕是一条响尾蛇的杰作。记得那是在法国，她正准备建立一个模仿自然环境的动物公园，当时就毫无戒备地打开了装蛇的袋子，丝毫没有考虑到里边有毒蛇。谁料想一条响尾蛇像弹簧似的从袋中一跃而起，一下子把"蛇女"咬个半死。毒蛇的獠牙扎进她的上唇，深达1.5厘米，可怕的毒液使她昏迷不醒，在医院里整整呆了几个星期。说真的，当时"蛇女"能够幸存下来实在是一个奇迹。

　　此外，她脖子上的伤疤，是在巴西一次遇险后作气管切开手术留下的纪念，伤口足有20厘米长。

　　在澳大利亚这片原始的土地上，密密的丛林中到处都隐藏着危险。一天夜里，"蛇女"在阿纳姆海岸的灌木林里追踪一条巨蜥。突然，巨蜥消失于一片矮林丛内。她紧随而去，不料脚下的地面忽然塌陷。她从几米高处猛地摔在一块巨石上，差点昏厥过去，只觉得呼吸几乎已经停止，但她依然拼尽全力，一寸一寸地爬回几公里外的帐篷。直到后来才知道，在那次不幸的事故中，她的左肋骨全部都摔断了。她能在如此恶劣的境遇下坚持到底，她的意志该是何等的坚强啊！

　　丛林中还有些小动物会传染各种危险的疾病。有一种蚊蝇叮人后能使人的体温急剧升高，肌肉疼痛难忍，但皮肤却奇痒无比。被那种蚊子叮咬后人会得无法治愈的关节炎。

在所有这些折磨人的昆虫小魔王中，最可怕的是一种能分泌毒液的壁虱，尽管"蛇女"平时十分小心，偶尔也会有一只壁虱钻进她的衣服，在背上狠咬一口。这种壁虱原来只有发夹头那么大，但叮人后的4天竟能胀大到400倍。人被叮后5天首先会出现呼吸道阻塞，继而由窒息导致昏迷甚至死亡。

按理说，被这种有毒的壁虱叮咬后必须立即住院，可当时"蛇女"孤独一人在荒岛上，朋友们要10天后才能来。于是她只得把那只壁虱除去，尽量将毒液挤出，并用强心剂液洗伤口，然后就静躺在一张临时床上等待朋友们的到来。夜里，高烧和憋闷使她无法入睡，感到像在密封罩中一样透不过气来。整整两天，疼痛、高烧和烦躁使她谵语不断，直到第三天早上，她才感到了自己恢复了体力，摆脱了危险。

当然，密林中的探险生活有苦也有乐，在忍受毒虫折磨的同时，"蛇女"也目睹到了许多罕见的奇闻。使她留下深刻印象的是一场巨蜥的搏斗，其惨烈的程度前所未闻。公蜥要强行交媾，母蜥不从，拼命地反抗挣扎，于是公蜥性起，狠狠地咬下母蜥的爪子并吞下肚去。

真可怕！"蛇女"见此不能不管，但这对将近1米长的动物互相紧紧地缠扭在一起，怎么也分不开。怎么办呢？她只好把它们双双装进她的大包里，扛着回营地给它们治疗。一路上，两只蜥在包里还不停地撕咬着。回到帐篷里，母蜥的情况很危险，公蜥的头上则被母蜥咬了一个大口子。最后，只好把它们都头朝下吊起来。这样做，巨蜥的大脑中由于血流量发生变化，就像注射了麻醉剂似地睡着了。这时才得以把它们分开。

"蛇女"用透明胶布粘住它们的颚，以防它们伤人，并将母蜥鲜血淋淋的爪子包扎好，然后把它置于睡袋上。母蜥的肚子鼓鼓的，"蛇女"就搂着它给它按摩肚子。

到晚上10点，只见一个圆圆的东西从它身上掉出来，原来是一枚蜥蛋，随后蜥蛋一个接一个地出来，一直持续到第二天早上5点，一共下了12个。这对于母蜥的身体来说实在太多了。

"蛇女"竭力想保住母蜥的生命，便想尽办法治疗母蜥，但由于搏斗后的虚脱，产卵加之寄生虫引起的肠梗阻，母蜥在第二天的夜里还是死了。"蛇女"非常伤心，她为母蜥代行母职，在营地附近筑了两个窝，一个窝放6个蜥蛋。窝很隐蔽，不易被发现。可以想象，现在那12条小巨蜥一定长大成"人"了。也许今天正在丛林中到处闲逛呢。"蛇女"为自己所做的事感到欣慰，更为自己能成为优秀的探险家而深感自豪！

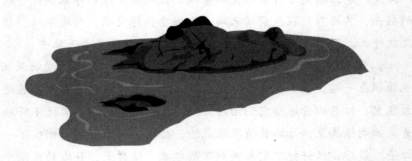

# ◎ 动物与民俗 ◎

　　动物的"上天入地下海"，动物的种种神奇力量，曾使古代人类羡慕不已，于是产生了"动物崇拜"。

　　动物和人类千万年的共存和交流，产生了与之相关的文化和民俗。

# 西方文化中的猫头鹰

　　猫头鹰既能像其他鸟类那样，通过牵紧下眼睑，由下而上地将整个眼球闭上；也能像人类那样，放下上眼睑眨眼睛——这个"眨眼"动作在所有鸟类中是独一无二的，多半是猫头鹰处于激动状态时的一种反应。

　　也许正是由于猫头鹰具有其他鸟类所没有的眨眼能力，所以从远古时代起它们在古希腊被冠以"智慧动物"的称号。那时候，在一切场合猫头鹰均被看做是智慧女神雅典娜（希腊神话中战争和胜利的女神，后来又成为智慧、知识、艺术和技艺女神）的具体代表，即便是今天猫头鹰的画像也常被当作科学的象征。

　　当年雅典是禁杀猫头鹰的，那时猫头鹰的数目多得不得了，于是也就出现了这么一句谚语："将猫头鹰引进雅典，犹如用筛子筛水——纯属多余。"这句谚语迄今已流传了两千年。

　　然而，今天其他各民族对待猫头鹰，早已不如以前恭敬了。譬如，一些人常挂在嘴边的口头禅"野猫子"，就像"蠢母鸡"、"毒哈蟆"一样，都是很厉害的骂人话。由此可见，猫头鹰在人们的心目中已声名不佳。

　　古希腊人把猫头鹰尊为智慧女神雅典娜的象征。而全世界的绝大多数人，却把猫头鹰看作是一种象征着妖魔鬼怪的鸟类。在阿兹台克神话中，它是地狱之神的象征。埃及人曾经用它作为死亡、黑暗、寒冷和服从的象形文字。在中世纪，猫头鹰这种夜行动物，又意味着黑暗与丑恶。

　　与古代中国人对猫头鹰的感觉一样，从前西方人同样害怕和忌讳猫头鹰夜晚的叫声，还因为它的叫声很凄凉，而把它看做不祥之鸟。

这最早见于瑞士苏黎世图书馆保存的1557年的文字记载——先是由康拉德·加斯涅尔博士用拉丁文描述的，后又经鲁道夫·霍伊斯林译成德文。其中讲到："雕鸮（即大猫头鹰）会用巫术使某些妇女着魔"；雕鸮"会用自己的笑声、转头和鬼脸引诱其他的鸟，使那些天真幼稚的小鸟围着它团团转，靠近它不想离去。如果在雕鸮的腿上系结上钉栓，就可以用套索捕到各种挨近它的鸟"。

人类的祖先对猫头鹰的谬传深信不疑，导致了很多可怕的后果。就拿当时仅3万居民的小城市格罗尔茨霍芬来讲，在1616~1619年期间曾经烧死了260个"妖妇"（即猫头鹰的附身），几乎相当于在此之前30年中死于瘟疫的总人数。这些无辜的妇人之所以惨死，或者是因丈夫厌弃她们，或者是因亲属们觊觎她们的遗产。

现在每当望着格罗尔茨霍芬市富丽而古老的教堂时，人们不禁会联想到因猫头鹰蒙冤而受到株连的不幸妇女：她们被五花大绑站在火堆中，怨恨、可怜的目光无神地注视着教堂的圆顶；周围全是被宗教和迷信、邪恶和愚昧所驱使的狂热人群。

西方有一种传说认为："那些白天远远看见雕鸮的其他鸟类，往往会立即追上去围着它转。"

令人惊异的是，事实的确如此。据研究，这是鸟类为了通知同类有危险迫近，同时使雕鸮分心，不能迅速而专一地确定捕捉对象的一种应急措施。

在德国，有一个农民别出心裁地坐在系着一只雕鸮的台柱旁，当乌鸦、寒鸦和别的鸟类飞进来围着雕鸮转圈时，就用网捕枪（霰弹）射的办法来除去使他讨厌的鸟。还有人利用可用绳索拽动翅膀的人造假雕鸮来"勾引"鸟类。

如今，德国的所有猫头鹰均已受到保护，既不允许猎捕，也不允许枪杀。目前，在地球上的133种猫头鹰中，除已灭绝的3种外，尚有8种濒于灭绝边缘。

从前在普鲁士（即后来的德国），雕鸮被看作是不祥之物，捕杀它们的人还能得到奖赏。1885年，曾有190只雕鸮被无知的人捕杀消灭；1907年那里只剩下20只巢；至1934年全德国幸存的雕鸮已不足100只。以后的几十年中，雕鸮一直在死亡线上挣扎。据统计，1964年前联邦德国的雕鸮的数量已不到30对；在前民主德国，由于采取了特别严格的保护措施，雕鸮数总算从1952年的十几对增至1972年的35对左右。

人们害怕猫头鹰，就认为可以用它来驱除邪恶。据此，有一些残害猫头鹰的土著，用猫头鹰的模拟像来镇压邪恶。

在英国，人们认为吃了烧焦以后研成粉末的猫头鹰蛋，可以矫正视力。约克郡人则相信用猫头鹰熬成的汤可以治疗百日咳。

这种互相矛盾的概念，在莎士比亚那里也可以找到。他在《尤利乌斯·凯撒》和《麦克白斯》剧作中用猫头鹰的叫声预示着死亡；而在《爱的徒劳》剧作中，却使猫头鹰唱出欢乐的歌声。

作为一种文学的比喻，猫头鹰可以在古代神话中找到，也可以在《旧约圣经》中找到，还可以在海明威等人的著作中找到。

在中国和东方各民族的文化中，有关猫头鹰的文字形象、民俗观念，与西方人的观念有惊人的相似之处，而对其他动物，各民族的人却都有各自不同的看法。

不论是作为一种善良的东西还是一种邪恶的东西，猫头鹰在人们的心目中一直是受到注意的。在距今3500-1900年前法兰西一个洞穴的石壁上雕刻的第一个可以辨认的鸟类艺术作品，不是别的，正是猫头鹰，可以认为，在远古时代，它曾是好些民族，或是一些原始部落所崇拜的动物和动物图腾。

# 奉犀鸟为神的伊班族

　　奉犀鸟为神的民族是马来西亚的伊班族，他们认为犀鸟能为他们带来丰收和吉祥，因此，他们从播种到收割，要举行3次祭祀犀鸟的仪式。其中最为隆重的要属收割之后的"犀鸟节"了。

　　犀鸟节这天，全民族的男女老少纷纷穿上节日盛装。男人的"盛装"是用鱼鳞和五光十色的贝壳镶嵌的铠甲，以及花翎帽和精雕细琢的银带；女人则是用珠子编成各种图案的披巾、金簪、银钗、凤冠、银带、铜带、纱笼。

　　猪在当地算得上是最珍贵的供品。他们在犀鸟节这天，当场杀猪，并以猪肝的颜色和纹路来推断犀鸟的神态，以占卜吉凶祸福。如果猪肝颜色鲜红，纹路清晰，则表明大吉，意味着来年是个丰收年，于是，所有人都欢呼雀跃，兴奋无比；如果猪肝颜色为暗红，纹路不清，则为凶兆，来年可能有天灾。这时，人们百般祈祷，求犀鸟神保佑。

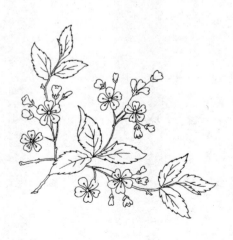

# 美国的骑鸵鸟比赛

　　大千世界，无奇不有。在美国佛罗里达州的墨西哥湾流公园里，曾经举行过一次别开生面的骑鸵鸟比赛。

　　参加比赛的选手身穿围猎装，各自牵着自己的鸵鸟，来到起始点。然后，他们很费力地爬上鸟背，等着出发号令。当号令吹响后，骑手们骑着鸵鸟，朝着终点飞奔。

　　鸵鸟不同于马，马背比较平实，放上马鞍后，骑手比较容易坐得住。另外，马脖子比鸵鸟粗壮很多，又能套缰绳，骑手可以手拉缰绳，以防止自己从马背上掉下来。坐在鸵鸟背上就不那么舒服了，鸵鸟背上全是毛，很滑，骑手不太能坐得住。所以，参加比赛的迪诺·皮莱贾认为，骑鸵鸟本身就是很好的骑术表演。

　　比赛刚一开始，就不断有骑手从鸵鸟背上滑到地上，引得观众哈哈大笑，而鸵鸟们也不管它们的骑手已经掉下，照跑不误。观众看到已经没有骑手的鸵鸟仍然一本正经地跑着，笑得更欢了。

# 印第安人的"兀鹰斗牛节"

秘鲁的印第安人有一个风俗，那就是在每年的7月，都要过一个奇特的节日，这个节日持续10天。这是一个极富政治、宗教色彩，既庄严又隆重的盛大节日，这个节日被称为"雅瓦尔节"。"雅瓦尔"就是"血"的意思，即"血的节日"或"血的狂欢节"。他们为什么每年都要过这么一个带有血腥味的节日呢？

事情要追溯到16世纪早期，那时，西班牙征服者对盛产黄金的印加帝国垂涎三尺。西班牙的皮萨罗终于在1532年征服了印加，绞死了印加最后一个皇帝阿塔瓦尔帕。10年后，查尔斯·金特建立了秘鲁管辖区，把印第安人赶往金矿、银矿及大庄园，强迫他们劳动。

印第安人多次反抗无效，他们不禁想到了大兀鹰。于是，他们每年举行一次"雅瓦尔节"，这个节日最主要的一个活动就是大兀鹰斗牛。不肯屈服的印第安人把大兀鹰比作自己，把被大兀鹰斗的牛比作殖民统治者。当他们看到大兀鹰骑在牛背上，用尖嘴利爪猛啄狠抓，直至将牛折腾个半死时，他们好像看到了殖民统治者的下场，不禁又增加了复仇的信心。

所以，"雅瓦尔节"实际上了成了印第安人复仇的象征。

每年节前，"雅瓦尔节"的主持人科塔邦巴斯镇的镇长挑选出数名对大兀鹰的活动习性了如指掌又胆大心细、敢于冒险的人前往大兀鹰生活区去捕鹰。

大兀鹰被抓到后，为了让它在"雅瓦尔节"上大显身手，人们像招待贵宾一样款待它，给它吃狗肉、羊心，还给它喝用玉米酿成的"希加"酒。

正式斗牛那天，当地居民早早地来到斗牛场，有人甚至彻夜未眠，在斗牛场外等候着，希望抢到好位子。

在狂热的掌声中，那只养得肥壮结实的大兀鹰身披红色斗篷，在捕鹰手的带领下绕场一周。接着，一只精挑细选出来的最壮实、性子最野的公牛也被牵了出来，在场子里绕场一周。无论是大兀鹰，还是公牛，都是雄纠纠、气昂昂，不可一世的样子。

镇长作了简短讲话后，斗牛正式开始。我们读一读有关"战斗"的具体描写：

"人们给大兀鹰和壮牛灌足白酒，然后用绳子把兀鹰系在牛的腰部，借助一根又粗又尖的钢棍和一条皮鞭，把驮着大兀鹰的壮牛驱赶入场。大兀鹰骑在牛背上，用两只利爪紧紧抓住牛背的皮肤，用尖嘴穷凶极恶地狠啄牛的身体。此时，牛吼叫、蹦跳、尥蹶子、向前冲，在场上打圈子，牛越挣扎，大兀鹰啄得越凶。牛疼得打颤，怒得发疯，一会儿停步顿足，一会儿奔跳，但试图把兀鹰从背上摔下来的一切努力均属徒劳，只见牛体血肉横飞，鹰嘴和牛背上的肉血淋淋地粘在一起。牛开始支持不住，打了几个趔趄，然后惨叫一声，倒在地上。

"接着，栅门大开，猎手在人群的欢呼声中进入场地，解开捆绑大兀鹰的绳索。被释放的大兀鹰展翅腾飞，以胜利者的雄姿，高飞远走。

"顷刻间，人群沸腾起来，排成一条条由五六十人组成的长蛇阵，在铜管乐声中跳起集体舞，曲曲弯弯，此起彼伏，一直跳到暮色降临。晚上，再举行一次别开生面的宴会，庆祝斗牛的胜利。"

人们在大兀鹰的身上看到了自己的影子，大兀鹰的胜利，好像就是他们的胜利，所以，他们欢呼、跳跃。可能连大兀鹰自己都没有想到，它已经成为印第安人复仇的象征。

# 俄罗斯的斗鹅比赛

西班牙有个著名的"斗牛比赛"，在俄罗斯高尔基州巴甫洛夫区大奥尔洛夫村有个著名的"斗鹅比赛"。这项传统民间活动已经有数百年的历史了。

比赛日期是固定的，即每年3月的第二个星期天。参加比赛的鹅也是有规定的，即2-4岁，5岁以上的鹅就没有资格参加了。

像所有的比赛一样，"斗鹅比赛"也有一定的规则。首先是年龄问题，小的自然斗不过大的，因而，所有的参赛鹅被按年龄分成三组，即2岁组、3岁组、4岁组。比赛次序是由小到大，就是2岁组先比，4岁组最后比。

最重要的规定是鹅在斗时，只能啄对方的翅膀，不能啄对方的头、脚和尾，如果有鹅违规，立即就会被赶出赛场。

宣布完各项规定、规则后，10点整，比赛正式开始。当号令发出后，所有参赛白鹅不是横眉冷对，就是气势汹汹，要不怒目圆睁，总之一副好斗的样子。然后，它们故意摆出一副不可一势的样子，昂首挺胸走向对手。

接着，它们的颈直竖起来，双翅展开，突然冲了过去。于是，两只鹅斗在了一起。当然，参赛的全是雄鹅。在一旁呐喊助威的自然就是雌鹅，只见它们大呼小叫，振翅跺脚，看它们这个架式，似乎也想上去拼他一场。

并不是所有的鹅都能参加斗鹅比赛，能够参加比赛的鹅都是经过特殊训练的。它们要经过特别喂养，比如在夏季换毛的时候，一般只喂浸渍过的面包；在秋季，喂面包和燕麦；在冬季，要喂晒干和烤熟的燕麦，目的都是使它们的翎毛丰满艳丽，身体更加结实。比赛前两星期，食物更加重要。除了喂一般食物外，还要加喂蜜糖。

# 我国古代的斗鸡风俗

斗鸡作为民间的一种传统娱乐，历史悠久。大约在2800年前，斗鸡就很流行。如《列子·黄帝篇》中记载，纪浩子为周宣王（公元前829-前782年）养斗鸡，经过40天的驯养："望之有如木鸡，他鸡无敢应者。"根据史料，我国早在公元前800年时，就有了驯养斗鸡的事实。

《战国策》中苏秦向齐宣王游说道："临淄（齐国京都）甚富而实，其民无不吹竽鼓瑟，击筑琴，斗鸡走马。"再如《西京杂记》中记载，汉初鲁恭王好斗鸡鸭及鹅雁，还养了其他珍异禽兽，一季耗谷二千石。由此可以看出，斗鸡在当时已成为皇室贵族们的主要娱乐了。

我国古代的斗鸡娱乐，有点类似西方的斗牛，它可以激发人们的斗志。到唐、宋之后，军中就有斗鸡之戏，其意义与射箭、比武相似。

尤其在盛唐时期，斗鸡之风达到狂热的程度。据陈鸿祖的《东城老父传》记载："玄宗在藩邸时，乐民间清明节斗鸡戏。及即位，立鸡坊于两宫间，索长安雄鸡，金毫、铁距、高冠、昂尾千数，养于鸡坊，选六军小儿500人，使驯扰教饲之。上好之，民风尤甚，诸王、世家、外戚家、贵族家、侯家，倾币破产，市鸡以偿其值。都中男女以弄鸡为事，贫者弄假鸡。"

东城老父本名贾昌，长安人，在他13岁时，因能辨识斗鸡的壮弱、勇怯，熟悉鸡的食性、疾病和驯习方法，被玄宗赏识，并被任命为鸡坊500小儿的头目。当时号称他为神鸡童，并且为他在宫中建了一所斗鸡殿。因此，民间有这样的歌谣："生儿不用识文字，斗鸡走马胜读书。"

当年日本遣唐使来朝，曾把唐朝推行斗鸡的见闻介绍回国，引起日本仿效一时，足见斗鸡之戏影响匪浅。

# 东南亚民族的斗鸡风俗

东南亚各民族也爱斗鸡。在印度，斗鸡活动最早起源于印度中央邦的姆利雅族。

姆利雅人生活在热带丛林的山群中，是印度先住民族之一，至今仍保持着斗鸡的古老传统。斗鸡的时间一般是天气晴朗的上午，姆利雅人把挑选出来的锐气十足的公鸡夹在腋下，来到斗鸡的广场上。人们在斗鸡场中线插刀、扎紧绳索，以此作为斗鸡的分界线，鸡的主人各自站立在绳索的两侧。

裁判员宣布比赛开始后，拥得水泄不通的人群便自动将钱币抛在斗鸡场上，然后双方将欲斗的公鸡从腋下放出。在人群的呐喊助威下，两只凶猛的大公鸡全身羽毛竖起，各自抓对方的腿部，同时猛啄颈部，互不相让。

经过一番争斗后，力量较小的一只公鸡被摔倒在地，另一只公鸡则乘机啄其面部、鸡冠部，弄得鲜血直流。有时，失败的公鸡被啄得瘫痪在地，毫无反抗能力。此时，裁判员将暂时取胜的公鸡抓住，让卧地的公鸡休息片刻，看它是否真的死去。如果尚未死去，经主人同意，这只负伤的公鸡可以再度决一雌雄。胜利者的主人可以领取观众捐募的小币，并将斗败的公鸡带回家去当作一顿美餐。

为了赢得斗鸡的胜利，人们十分注意培育新的鸡种，以便得到凶猛可畏的公鸡。

在风景如画、气候宜人，素有"诗之岛"之称的印度尼西亚巴厘岛，岛上每个村庄都设有斗鸡场，几乎每家至少饲养一两只斗鸡。

斗鸡是经过专门培养的，它具有特别好斗的天性。参加斗鸡的包括各行各业的人，政府官员也不例外。不过只有男人才酷爱此道，妇女是

动物与人

与之无缘的。

斗鸡场的面积约为5米见方，常围以米袋，四周则为看台，可容数百人乃至千人。出赛之前，便有人将一把约6英寸长的锋利小刀紧紧地缚在鸡的右脚上，作为致命的战斗武器。

公证人宣布比赛开始后，鸡主各抱己鸡，使之相互对视，认清对手，恶战随之而起。双方的鸡时而奋力扑击，时而飞腾猛啄。美丽的羽毛纷纷飘落，锋利的刀片闪闪发亮，惊险的场面不时使观众发出震耳的喝彩声。参战双方很少出现和局。斗鸡只要一息尚存，哪怕是两腿尽断，双眼全瞎，遍体鳞伤，血流如注，也要决一死战。虽然比赛时间规定为15分钟，但往往只有几分钟便可结束战斗。胜利一方的主人，带着光彩的神色抱回他的心爱物；而战败一方的主人，则往往以颓丧的心情去收尸了。

斗鸡在巴厘岛所以如此盛行，与宗教和迷信有着密切关系。据说，斗鸡本来是宗教仪式的一部分。岛上还流传着这样的迷信，认为斗鸡时流出的血可以驱除邪恶，清洗污秽。

由于斗鸡由单纯的娱乐演变成一种赌博活动，破坏了岛民恬静、淳朴的生活，一些民众团体曾经呼吁禁止斗鸡。然而这种长期形成的习俗在人们的生活中已经根深蒂固，很难消除。时至今日，斗鸡热仍未见丝毫冷却。

菲律宾每个市镇都有斗鸡场。斗鸡场设在专用体育馆里，建筑十分讲究。每逢周末和节假日，前往观看斗鸡者甚多。

马尼拉郊外有一个斗鸡场，场内阶梯式环形观众席足可容纳千人。中央设斗鸡台，台高1.5米，8米见方，台上铺细沙，四周围以栏杆铁丝网。场内鸡鸣阵阵，赌博买标人的吆喝声此起彼伏。

比赛即将开始，两位鸡主（驯养员）怀抱斗鸡，踏上台来，相对而立。两只雄鸡羽色艳丽，健壮凶猛。鸡主逐渐接近，怀中雄鸡相对而视，似乎认准了对手。鸡主置鸡于地上，用手紧紧控制住。两只雄鸡直立，昂首阔步跨向前，待它们逐渐走近，即将接触之际，顿然又被鸡主拉开。如此反复几次，雄鸡被激怒了，斗志倍增。在其怒气上升到一触即发的程度时，鸡主向高椅上的评判员示意，评判员便发出比赛信号。这时两位鸡主便把自己的鸡推向前，拉向后，然后松手。只见两只雄鸡，颈羽直竖，伸头向前，双爪紧抓地面，目注对方。片刻，双腿后蹬，身躯跃起，振翅冲向对手。在满台沙尘中，双方打得难解难分，场面紧张而惊险。初局，甲鸡失利，鸡主抱鸡稍事休息，饮以清水，继续拼斗；次局乙鸡失利，鸡主也抱鸡稍息。

最后决斗，两鸡主远避旁观，战斗愈加激烈。但见飞腾啄扑之中，甲鸡使出绝招，昂首旋转，爪上利刃一晃而过，乙鸡即如泄气皮球，倒地不起。甲鸡扬扬得意，展翼环绕乙鸡四周以示胜利。战斗结束，历时仅两分半钟。

菲律宾斗鸡品种很多，有天然斗鸡、家常斗鸡、进口斗鸡和混血种斗鸡等。一只能斗善战的雄鸡往往价值几千比索，是一笔可观的财富，鸡主对斗鸡都十分珍视。

菲律宾斗鸡已有500年的历史，全国有斗鸡场1000多个，成为城乡人民最普遍的一种娱乐活动。由于它有赌博色彩，菲律宾政府立法规定，每个市镇只准开设一个斗鸡场，并只能在周末和节假日开放。

# 中国古代鹤文化

古人对鹤情有独钟，称之为祥鸟。虽然，凤凰的地位如龙一般，是汉文化中的图腾之鸟，但凤凰并不存在，只是一种美好的愿望而已。于是，古人便将千种珍惜、万般钟爱都集于鹤一身了。

世界上现存的15种鹤中，在我国有记录的就有9种。其中称为"仙鹤"的丹顶鹤是我国的特产珍禽，尤为名贵。丹顶鹤那朱红色冠羽，在白玉无瑕的体羽映衬下，犹如宝石放光，楚楚动人；白鹤姿态秀逸，性情恬静，羽色洁白丰润，好似仙子下凡。

鹤行为举止文雅，风而有度，居必雌雄相随，翩翩起舞，翔则一鸣冲天，直上云霄。相传鹤行必栖息于洲渚地带止必集林上，饥食瑶草，渴饮琼泉。

古人爱鹤至深，常将鹤奉为神仙。

在古代，鹤又被认为是仙人的乘骑，骑鹤而去则被认为是"升仙"。典故中，武汉黄鹤楼就因仙女驾鹤在此栖息而得名；古人常说的"鹤驾"、"鹤驭"就是代指仙人；民间的吉祥画中也常有仙人骑鹤的图案。

鹤在古代被看作"仙禽"，与龟一样，是长寿的象征。南朝宋刘敬叔《异苑》卷三载有一则"鹤长寿"的典故，大意说，"晋太康二年冬，非常寒冷，南洲人看见两只白鹤在桥下说：'啊呀！今年好冷啊，这场雪跟尧去世那样简直不相上下了！'于是飞去。"

后来，人们常以"鹤语尧年"来比喻老人历时之久，见识之广。

传统吉祥图案常以"松鹤常春"、"介（鹿）合（鹤）同（桐）春"来表现长寿，又以"鹤发童颜"来形容年老体健。

在古代传统文化中，鹤又被视作"羽族之长"。这"百鸟之王"不像西方文化中的鹰之类，取的是凶猛强悍象征，而是因为它们举止姿态文雅优美、行为规矩，很有君子风度。所以，古人常以"鹤立鸡群"来形容名士的高风亮节。

宋代苏辙的《次韵子瞻感旧见寄》诗中有"君才最高峰，鹤行鸡群中"。

吉祥图中有"一琴一鹤"，常用来祝颂士人才德出众，品行高洁；鹤又常长幼相随，雌雄比翼，故比作父子、夫妇之间的敬爱孝悌关系；"别鹤"常被喻作夫妻分离，两地相思。

在中国的诗歌词曲、绘画刺绣、音乐舞蹈和文艺雕塑等方面，都常以鹤类为题材。此外，在宫廷范围、士大夫庭园中，亦常养鹤。

鹤在古代称"一品鸟"，吉祥图案有仙鹤独立海边潮头岩上的"一品当朝"，仙鹤在云中飞翔的"一品高升"等。甚至清代文官补服，以鸟类作品级图案，文职一品为仙鹤，二品锦鸡，三品孔雀……九品练雀。以一品仙鹤，显示高贵。

至于爱鹤、养鹤、放鹤，古代更有许多动人的故事。

宋诗人林逋（公元967—1028年）隐居在西湖孤山。他无妻无子，靠种梅养鹤以自娱，人称他为"梅妻鹤子"。林逋去游西湖时，家中客人来了，便由家僮接待入坐，开笼放鹤。主人远远望见所养之鹤飞上天空，即知家中有客人来访，也就棹舟返家。他与客人酣酒吟诗的时候，鹤会飞鸣起舞，为主人助兴。

北宋名人苏轼有个文友叫张天骥，曾喂有两鹤。在今江苏徐州云龙山顶建有一亭，名为"放鹤亭"。张天骥清晨登亭放鹤，晚上在亭招鹤，作《招鹤歌》。苏轼于北宋元丰元年（公元1078年）曾为张作《放鹤亭记》，流传至今。

鹤象征长寿、吉祥、高雅，人们常以"煮鹤焚琴"比喻粗鲁庸俗的人糟蹋美好的事物。可见中国从古至今，一向爱鹤护鹤。然而，到了现代，由于环境污染、栖息地遭到破坏，以及贪利的偷猎者进行乱捕滥猎等原因，鹤类珍禽越来越稀少了。

幸好，人类非皆短视。早在1935年，日本就抢先"注册"，将丹顶

动物与人

鹤奉为他们的"国宝"而大加保护。独联体一些地区，我国的黑龙江扎龙、贵州草海、江苏盐阜、江西鄱阳湖等地也都建立了自然保护区，并相继制定了鹤类保护措施和有关法规。

# 大鸨 "百鸟之妻" 之误

鹤形目鸨科中的大鸨俗称老鸨，与天鹅齐名，素有"天鹅地鸨"之称，是我国一级重点保护动物。

民间传说大鸨是"百鸟之妻"，这种说法由来已久，连明代药物学家李时珍也说过"鸨无舌，……或云纯雌无雄与其他鸟合"。

清代《古今图书集成》里也有类似的记载："……鸨鸟为众鸟所淫，相传老娼呼鸨出于此。"

意思是说，鸨没有舌，鸨有雌鸟无雄鸟，雌鸨与其他任何一种雄鸟都可交配而繁衍后代。人们又借此意把旧社会开妓院的女主人（老板娘）称为老鸨，意思是这种女人是不正派的人，没有固定配偶。

然而，平时并没有人看到大鸨与哪种雄鸟直接交配，所以又有人说，大鸨作为"百鸟之妻"，不是直接交配，只要其他种类的雄鸟从空中飞过，身影映在雌鸨身上就可达到交配目的。

这种种错误说法都是由于古代科学不发达，对大鸨的繁殖习惯认识不清而造成的误解。

事实上，鸨有舌，只不过是小一点，雌鸨更不是百鸟之妻，鸨有雄有雌，和其他鸟一样，繁殖后代也需要雌雄交配。

我国有三种鸨，即大鸨、小鸨、波斑鸨，均属鹤形目鸨科鸨属。其中大鸨在我国数量最多，它主要繁殖在东北、内蒙古、新疆一带草原。

由于大鸨雄雌个体差异太大，于是给人们造成了误会。雄鸨身高可达1米，两翼张开可达2米多，体重可达11千克左右，在下颈部有橙栗色带斑，喉侧长有0.1米以上的长须，当地群众也叫羊须鸨。雌鸨身高不足0.5米，平均体重仅有3.6千克左右，喉侧没有长须，都叫它石鸨。正因为这样，人们常常把雌雄鸨误认为是两个品种。

大鸨与其他鸟类的不同之处，就在于它的"恋爱"时间非常短暂，往往不易被人们察觉；也不能像天鹅、斑头鸭等鸟，对"爱情"那样忠贞；更不能像鹤那样严格奉行"一夫一妻制"。

大鸨是在繁殖期凑到一起，交配完毕就各奔东西，以后"生儿育女"的重任基本落到雌鸨身上。这样就给人们造成大鸨是纯雌无雄的错觉。

古人认为大鸨是"百鸟之妻"，除了认识上的原因外，恐怕封建道德观念在其中也起了非常重要的作用。人们贬鸨时，必要赞鹤，鸨就成了鹤的反面角色了。

人类的错误认识沉淀到文化中去，往往有许多误区无法摆脱。从生物学、自然界的价值来讲，大鸨的地位不应低于与之齐名的天鹅。然而，近千年来，在观念形态中，大鸨与天鹅真是"一天一地"，尊卑相去太远了啊！

# 中国的斗蟋文化

蟋蟀作为一种人们熟悉的秋虫，在我国早自《诗经》、《尔雅》、《本草纲目》、文人诗赋及至现今的著述中颂贬兼有。仅以它们善鸣唱而论，有人说其声是哀怨倾诉，又有人比作如琴似笛的奏鸣。其实，这不过是古代文人闲士借物寄情，各抒己怀而已。

从古至今，许多文学作品对这种昆虫都有不少描述。《聊斋志异》中脍炙人口的篇章《促织》，就是写由蟋蟀引出的一段生动感人的故事。

大自然所滋养的千百万种生灵中，蟋蟀实在是最普通的一种，既不显眼也不美观。

蟋蟀成熟于立秋前后，入冬而亡，生命是极其短暂的。然而就是这种极其普通的生灵，有史以来，受到了众多炎黄子孙的喜爱。围绕着它，文人吟诗、作画、填词、作赋；艺匠雕金银、镂翠璧、刻骨牙；雕花木匠在各种木器上精心雕刻；达官贵人借此"以礼自虞"；民间百姓空闲斗蟋，以此为乐，天长日久便形成了具有独特民族风格的中国斗蟋文化。

早在2500年前的春秋时期，大思想家孔子删定的《诗经》中，就有"十月蟋蟀入我床下"之句。当然，那时它出现在古人的诗赋中，尚没有"击盆气概策群雄"的豪迈气势，而只是反映了古人对自然和人生的一种哀婉悲切、吟秋畏霜的诵叹。

蟋蟀悲秋菊，切切动哀音。蟋蟀"悲秋"的这种现象为什么能够得到许多人的共鸣呢？因为在西风已起的暮秋时节，昆虫多已先后死亡，不复鸣声吟叫，唯有蟋蟀还在鸣唱，虽然鸣不激越，声调颤抖，然而此时正值草木枯谢、百花凋零之际，此情此景，正活生生地描绘出大自然生动的暮秋景色。

　　文人墨客，普遍具有一种逢春而喜、遇秋而悲的传统感情意识，他们每逢此时此刻，闻其声、观其景，自然而然地就会产生"少壮不努力，老大徒伤悲"之类悲怆的感叹了。

　　蟋蟀在文人眼里是悲秋之虫，而在劳动者的心目中却是"催织之使"。蟋蟀怎么会被称为"催织之使"呢？

　　这是因为我国自古就是一个以农为本的国家，并且经历了世界上最为漫长的封建社会，自耕、自种、自织、自食、以家庭为单位、又缺少商品交换的自然经济，是我国古代的主要社会形态。世世代代生活在这样的封建社会的人们，对暑往寒来、日月轮回的季节变化现象非常敏感，试想在蟋蟀早已悲鸣的深秋，还没有织好过冬衣被所必需的布匹，这一年的冬天家人将如何度过？织布的妇女当然就要着急了。"促织鸣，女工急"的说法，就由此而来了。

　　我国古代的蟋蟀文化，从原先的闻其声，发展到后来的观其斗。"斗蛩"这一活动起源于何时，今天没有确实的资料证明。宋末顾文荐《负暄杂录》的说法是"始于天宝间，以万金之资付于一啄"；然而，五代时的翰林学士王仁裕在《开元天宝遗事》中却说开元天宝年间只是将蟋蟀"闭于笼中，夜听其声"。

　　到了宋代，朝野内外已大兴斗蛩之风。事物从开始起源到大兴大盛，其间必然有一个相当漫长的发展过程，根据斗蛩已大兴于宋朝来推测，唐末、五代时斗蛩活动必然已经产生，或者说唐王朝的开元天宝年间，确实已经有了斗蛩活动，只是当时还没有普及，没有被视为大众化的游戏罢了。

　　斗蟋蟀自兴起之后，经历了宋、元、明、清四个朝代，又从民国至今，前后有900年漫长岁月。这一活动始终受到人们的广泛喜爱，长兴不衰，呈现出年甚一年的趋势。它不但登堂入室，而且进入史册文章、雕栋书画之中，其中孕育了中华传统文化的丰富内涵和独特的技艺魅力。这不但顺应了达尔文《进化论》中"物竞天择，适者生存"的规律，更反映了社会文化、人文因素对自然选择的深层影响和作用。

　　人类历史上有许多游戏娱乐活动虽盛极一时，但因为缺乏内涵的吸引力，便随着历史的发展和人们兴趣的转变而消亡，如今已成为往事陈迹，遗留在人们的记忆与传说之中。20世纪80年代末90年代初，民间的斗蟋又悄然兴起。这是值得引起注意的经济文化现象。

# "蝠倒"和"福到"风俗

　　我国古代很早就有对蝙蝠的记载，《尔雅·释鸟》中说"蝙蝠，服翼"。不过，这里将蝙蝠列入了鸟的行列。然而，民间关于蝙蝠"非鸟非兽"的传说，差不多将它们说成是"会飞的老鼠"，倒是将它归入了兽类。

　　每到过年时，我国汉族的大部分地区，都有将"福"字倒贴在门上的习俗，取其"蝠倒"为"福到"的谐音，以求祥和。"福"是中国人一生追求的目标，因此，"蝙蝠"与"松鹤"一样，是人们喜闻乐见的吉祥物。与"福到"同类的吉祥图文还有：以红纸剪5只蝙蝠贴于门户，以"红蝠"谐音"洪福"，取意"五福临门"。吉祥图还有"百福图"、"福寿图"等。在一些祝寿的对联上，常常有"五福捧寿"、"福寿双全"、"纳福迎祥"、"福在眼前"等联句。对中国人来说，蝙蝠标志着好运气，幸福和长寿。在我国的民间传说中，或是在传统美术工艺品及古代建筑物上到处都有蝙蝠的图像。

　　当你在北京颐和园游览时，不妨留心细看一下那些亭台楼阁里雕梁画栋的彩饰和殿堂内摆设的皇室用具。你会发现很多地方都有蝙蝠的图案，如钟摆、茶壶、托盘、玉簪等。特别常见的是一种由5只展翔的蝙蝠组成的图案。它象征蝙蝠将带来"五福临门"。因为"蝠"和福字是同音，因此，蝙蝠常被当作是交好运的吉祥动物。

# 狮与中国风俗

狮子又称"狻猊"，原产于非洲和西亚。上古时代我国并没有狮子，因此也没有关于狮子的神话。东汉时期，狮子从西域传入我国。《汉书·西域传》载："章帝章和元年(公元87年)，安息国遣使献狮子，……形似麟而唯无角"；"和帝永元十三年（公元101年），安息王满屈复献狮子"。狮子一入中国，即被奉为百兽之王，视为吉祥神兽。石狮用来装饰桥墓宅院、宫殿高宇。民间的"狮子舞"更是盛行不衰，延续迄今。后人甚至将中华民族比喻为沉睡的雄狮，一旦醒来，可以震惊世界。

狮子的神瑞首先在于其卷毛巨眼、张口施爪的威武外形。旧传狮子能食虎豹，威服百兽，是尚武精神的体现。唐贞观九年(公元635年)西域国向大唐进贡狮子，唐太宗命侍臣虞世南作《狮子赋》云："（狮子）倏来忽往，瞋目电曜，发声雷响，拉虎吞貔，裂犀分象，碎随兕于银腭，屈巴蛇于指掌，践籍则林木摧残，哮呼则江河振荡。"

狮子进入中原以后，就成为石雕的重要题材。汉唐狮雕造型都十分威武，或昂首挺立、怒目圆睁，或张牙舞爪、跃然欲扑，成为汉唐两朝国力强盛、勇猛刚健的象征。后世宫殿衙署、旧宅大院门外两旁亦以石狮为饰，象征权势威严，凛然不可侵犯。

狮子在古代与龙、凤、麟同属神兽之列，又凶猛异常，因此民俗里具有驱邪镇祟的功能。

唐代陵墓石刻中多有狮子造型。河南巩县唐三彩窑遗址中发掘出专门用来制作三彩狮子的狮子范。在唐墓中，三彩狮子常放在三彩仕女旁，其作用也是驱邪避恶。

旧时民间习俗，孩子夜哭不停或病魔缠身时，亦用玩具狮子镇其旁，以祈祛祟驱魔，保佑孩子平安健康。

明清时期，石狮主要用作守门或作桥梁望柱。如北京天安门前金水桥旁汉白玉石狮，著名的卢沟桥上有485个大小石狮，在皇宫门前则置鎏金铜狮。故宫太和殿门前、颐和园东宫门外、香山东宫门外均置有大铜狮。这些石狮、铜狮同样也有镇守的含义。

狮子与佛教又有着千丝万缕的联系。《传灯录》载，"释迦佛生时，一手指天，一手指地，作狮子吼云：'天上天下，惟我独尊'，《楞严经》亦载："我与佛前，助狮转轮，因狮子吼，成阿罗汉。"后世常以"狮子吼"比喻佛祖讲经，声震宏宇。

佛教与狮子几乎同时传入中国，佛教对狮子的推崇，进一步使国人把狮子看作是护法的神灵，增添了它的神瑞。狮为百兽之王，佛亦为人中狮子。

佛教传说，文殊菩萨所居之地清凉山，原有五百条毒龙肆虐，文殊骑在神狮背上施展佛法降伏了毒龙，因此历代文殊菩萨的造像都是骑在狮子背上。在佛教建筑中，狮子的图案也是常见的纹饰。佛寺塔墓旁常有蹲狮，塔基座上也常雕有狮子的纹图。

在民间又有狮子舞，象征喜庆、吉祥，始于南北朝。杨炫之《洛阳伽蓝记》中记述当时洛阳长秋寺佛像出行时，有"辟邪狮子，引导其前"之语。唐代盛行狮子舞。段安节《乐府杂录·龟兹部》中记载唐代狮舞规模宏大，每一狮子有12人伴舞，狮子高达丈余，称为"狮子郎舞"。白居易《新乐府·西凉伎》诗写道："西凉伎，假面胡人弄狮子，刻木为头丝作尾。金镀眼睛银贴齿，奋迅毛衣摆双耳。"

后来，狮子舞表演者已不限为胡人，中原人也有表演。舞狮也逐渐与佛教脱离关系，成为喜庆佳节的娱乐活动。宋代有《百子嬉春图》，绘众儿童舞狮、追狮的场景，为象征喜庆的年画。传统吉祥图案有"双狮戏绣球"，绘两只狮子戏弄绣球的纹图，多应用于建筑、家具、什器等。

# 中国羊文化

古时"羊"、"祥"相通，人们把羊看作是吉祥的征兆。据传说，周代时，南海有五位仙人，骑着五只羊，飞临一片土地，留下了一串串谷穗，以此祝福那里富裕和平，然后腾空而去。人们怀念赐福的天使，便在天使留下谷穗的地方塑建了五只羊，后成了广州市的城徽，广州市也就以五羊城而得名。

有个成语叫"羚羊挂角"，源出《论语》。宋朝人陆佃在他所撰的《埤雅》一书中解释道："羚羊以羊而大，角有圆绕蹙文，夜则悬角木上以防患。"意为羚羊在夜晚休息时，把头上的角悬挂在树枝上，使蹄子离开地面，而避免敌害的袭击。后来，"羚羊挂角"被人用来比喻诗的意境超脱玄妙。

# 突尼斯斗羊

西班牙的斗牛世界有名，突尼斯的斗羊就鲜为人知了。其实在非洲北部的突尼斯，每年都要举行的斗羊比赛已经有1000年的历史了。

羊的本性温顺，不像牛那样容易发脾气，所以要把它培养成一个易怒好斗的"斗士"，不是一件容易的事。斗羊的训练包括三个方面，一是胆量训练，使羊在出斗时要有拼命的胆量；二是耐力训练，要让斗羊每日奔跑及弹跳，当然同时要补充营养，多给它们吃些精饲料；三是技巧方面的训练，要让它们学会在格斗时抢占有利地形、出击时要猛击对方要害部位（腹、眼、肢）以及善于避让而使对手扑空。

1975年，突尼斯专门成立了全国斗羊联合会，制定了一整套比赛规则，使这项来自民间的比赛正规化。比赛分为多种等级，既有轻量级、中量级，又有重量级，还有超重量级和次轻量级；羊的年岁也有规定，参加比赛的必须是5至12岁的公羊；同时还规定，在每场比赛的限定时间内，经过25个回合的格斗如果还分不出胜负，裁判可增加5至10个回合。在比赛中，如果一方受伤，或被击倒，或逃跑，它的主人便抛出毛巾，以示认输。

有经验的观斗羊者还特别喜欢看老羊相斗，因为不论是牛也好、鸡也好，观其相斗，不仅仅是看它们拼体力的蛮斗，往往更有意思的是看它们斗智斗勇斗技巧。从这个方面来说，自然老羊经验丰富些，技巧也就更加娴熟些。

两头老羊相斗时，看起来它们动作缓慢，似乎在装腔作势，其实它们各自都在暗地寻找最佳出击机会，免得白花气力。常常一方居高临下，猛然下冲，将对方冲出数米，一举获胜；有时在双方羊角对峙时，一方突然闪开身，此举常使对方扑空，身体失去平衡而倒地。

斗羊比赛在突尼斯，每年都要举行几次，每次赛5至8场。每逢比赛，观众都蜂拥而至，人山人海，比起观足球赛的盛况，是有过之而无不及的。

# 奇特的"猪人族"

在南美洲的巴拉克东北部有一个小村落，被人称作"猪人族"。

猪人族只有250人左右，他们不仅视猪为神，还雕了一只巨大的猪神像，放在山顶上，以守护他们的村落。除此之外，他们更喜欢像猪一样地生活。

这里的每个人自出生后，家人都会在他们的鼻子上戴一种特制的工具，这个工具的作用就是把他们的鼻子拉长。等到成年时，他们的鼻子就会像猪一样长了。不仅如此，家长们还喜欢将孩子扔到猪圈里，把他们当猪来养。猪人族里的成年人，都以生活得像猪一样为荣。当他们向异性求婚时，都会像公猪一样地嚎叫，还用鼻子去嗅异性身体。女人们也都像雌猪一样，用"哼哼"声回复男人的求婚。

猪人族的人每天早晨一起床，第一件事就是走到茅屋外，像野猪在泥塘里打滚一样，在泥地里"洗澡"。

# ◎仿生趣谈◎

千奇百态的动物曾使人类学到不少东西：从飞机到潜艇，从"鳄鱼夹"到"蛛网织布"，无不受其启发。

# 乌贼和喷射发动机

乌贼也叫墨鱼，是章鱼的近亲。它的身体与别的贝类动物一样，也分为头部、足部、内脏囊、外套膜和贝壳，只不过，为了适应游泳的需要，它的贝壳经过长时期的演变，已经退化了。

乌贼的头部没有触角，只有两只非常奇妙的眼睛。这对眼睛不仅非常大，而且有一种特殊功能，即可以感知温度。科学家们观察到，在乌贼的鳍上，生有约30个可以接受热射线的小测温器。这些测温器由球形囊组成，其表面覆盖着厚厚的红色细胞——滤光器，只有红外线才能通过这种滤光器，而其他光线会被拒之门外。凭借感温眼，乌贼可以及时察觉它的敌人——抹香鲸的来临，以及时避开。一旦确定某只抹香鲸正在附近逗留觅食，乌贼就会开动它的"喷射发动机"，箭一般地向另一个方向逃去。

在我国的内河航运中，所使用的船只大多是靠螺旋桨前进的。最近，科学家们已研制成功了一种喷水船，这种船以喷射管作推进器，其推进效率大大超过了螺旋桨。科学家们是如何研制喷水船的呢？是"海中活火箭"乌贼给了他们启示。

乌贼素有"海中活火箭"之称，游泳速度在海洋动物中是数一数二的，它在海中"飞行"的最高时速可达150公里，即使是与现代化航速最快的船只相比，也毫不逊色。乌贼之所以能达到这么高的速度得归功于它颈部特殊的"喷射发动机"。

乌贼的"喷射发动机"是一种非常好的动力装置。乌贼在缓慢运动时，使用的是大的菱形鳍，而在快速冲刺时，就要靠"喷射发动机"作动力了。所谓"喷射发动机"，其工作原理是这样的：水经过乌贼的尾部环形孔进入外套膜，然后再由软骨将孔闭锁。当乌贼需要快速前进时，它就收缩腹肌，将水从漏斗里喷射出来，从而受到一个反作用力的推动，得以在海中高速前进。这种"喷射发动机"的喷射力非常强大，足以使乌贼从深海里跃入空中，在水面上7 –10米处毫不费劲地飞行50米左右。

英国动物学家里什博士就曾在他的学术论文中提到一只善于"飞行"的枪乌贼。这只枪乌贼长仅16厘米，它在空中飞行了相当远的距离后开始作自由落体运动，最后掉落在距水面有7米高的快艇舰桥上。

科学家们在研究乌贼的"喷射发动机"时受到启发，他们模仿乌贼的运动方式，制成了喷水船。这种喷水船的船体内装有一台水泵，水泵从吸水口将大量的水吸进船内，然后再通过大口径的喷射管把水从船尾高速喷出，使船在反作用力的推动下得以快速前进。

喷水船目前已被运用到我国的内河航运中，给水上运输业带来了新的生机与活力；而在国外，科技人员经过多年的研究，已经制造出了一种喷水高速船艇，其最高时速可达150公里，与乌贼前进的最高时速正好相等。

# 鲫鱼的吸盘和"吸锚"

鲫鱼生活在热带和温带海洋，体似圆筒形，体长80多厘米。鲫鱼本身不擅长游泳，但它能吸附在鲨鱼、海龟和鲸类的腹部或船底，借以周游大海，因而被人们称为"免费旅行家"。

鲫鱼是怎样吸附在其他物体或鱼类身上的呢？原来它的第一背鳍已变形成为一个椭圆而扁平的吸盘，长在头顶。吸盘中间被一纵条分隔成两个区。每区都规则地排列着二三十条横皱条，像是一扇百叶窗，其周围还有一圈皮膜。当吸盘贴在物体表面时，横皱条和皮膜立即竖起，挤出盘中的水，使整个吸盘变成一系列真空小室，借外部大气和水的巨大压力，牢固地吸附在物体或鱼类身上。鲫鱼在鲨鱼、鲸类身上吸附住以后，短时间内便会留下印盘的痕，鲫鱼的名字即由此而来。

鲫鱼吸盘的拉力有多大呢？传说古罗马一支舰队的旗舰，在航海途中被一巨大的鲫鱼吸住，最后竟被弄翻沉没，葬身海底。所以鲫鱼的拉丁文词意为"使船遇难"的鱼。据测量，一条长约60厘米的小鲫鱼的吸盘，能轻易地经受10千克的拉力。

由于鲫鱼有吸附它物的绝技，马达加斯加、桑给巴尔、古巴和俄罗斯等国家的渔民就利用鲫鱼捕捉鲨鱼、鲸、海龟、海豚、金枪鱼，甚至鳄鱼。渔民把鲫鱼放养在海湾里，出海捕鱼时，用绳子吸住鲫鱼，拴在船后。到了生产海区就放开长绳，让它们吸在捕捉对象的身上，只要慢慢把绳收回，就能有可喜的收获。

鲫鱼的吸盘给海洋学家和仿生学家们很大的启示，他们将其原理应用在工程技术上，取得了可观的成效。例如荷兰发明了一种"吸锚"装置。这是一个空心的圆钢筒，顶端封死，由一根钢缆和吸管将此筒管与舰船相连。船抛锚时，吸管另一端的抽气机把筒里的水吸光，使之成为真空状，利用筒外海水的巨大压力，几分钟内即可把铜筒压入足够深度的海底泥沙中。据测定，吸锚在20米深海底的吸力能经住海面160吨重物的拖拉。一艘航空母舰或巨型油轮，只需10个这样的吸锚，就可安全地锚定在海上。

# 日本的"声控鱼群"技术

20世纪70年代，日本大分县水产试验场能津纯治把饵料输入海中，试图喂养他放回海中的真鲷鱼苗时，结果游回来吃料的鱼寥寥无几。尔后，他根据条件反射的道理，进行水池钢琴乐曲及击鼓鸣声控制真鲷的实验，结果获得了成功，从而使他掌握了真鲷鱼爱听乐曲的有关资料。

1982年，在有关部门的协助下，他在佐伯湾海区开发了一个声控真鲷的海洋牧试验场。方法是把大量经过水池声控训练能召之即来的真鲷鱼鱼苗放回海湾。喂饵料时，利用自控装置一边把饵料输入水中，一边输送钢琴乐曲。结果，一公里范围以内的鱼儿，应声纷纷赶来。

能津纯治后来进行另一项声控石鲷的实验。当输管响起蜂鸣声时，石鲷也应声赶到。能津说："既然1公里声控鱼群已成现实，那么实现200公里范围的海洋牧场也是可能的。"

日本一家水产公司近年来又研制成功声波集鱼器，它能引诱鱼群游泳上浮、索饵、捕食，其诱鱼效果令人满意。在与探鱼仪并用的试验作业中，开机5-10分钟后就可取得集鱼效果。它对集散性强的鱼参、鲇、沙丁鱼、鱿鱼等诱发效果特别显著。集鱼器发出的声音为鱼的捕食音，它使用集成电路记忆装置，把鱿、虾等的捕食音编入微机内。经用户使用表明，该集鱼装置具有节油、省时、渔获量高等优点。

# 非洲刀鱼和"电仿生"

　　一位教授在非洲做过一个有趣的实验：在水面上置放强力磁体时，非洲刀鱼就接连不断游向磁体。这是由于刀鱼自身的电流，在水中形成了电场与磁场所致。刀鱼仅能发出3-5V的电压，所以不能像强电鱼那样以高压瞬间击昏猎物或天敌，只是不分昼夜连续发出每秒约300次的电脉冲，在水中形成一个"雷达警戒网"。

　　刀鱼的电磁感受器头部为正极，尾部则为负极，在它的头部、腹部、脊背等处的表体中，有规律地排列着内含胶状物的组织结构。水中的所有物体有着各自相异的电导率，刀鱼就是根据这种差异以它灵敏的"探测器"感知世界的。不过，刀鱼在使用它时也有美中不足之处，为了不致扰乱自身所产生的电磁场，它不能弯曲身体游戏，时常只能像木棍一样挺直身体仅用背鳍游动。

　　现代的发电机在要求高功率的同时力求小型化，人们仿照刀鱼的特性，已制造出性质优良的柔性磁体。

# 科学家制造"人造热眼"

在蛇的"热眼"功能启示下，科学家们设计出了种种红外线自动跟踪装置，在枪炮、舰船、飞机以至卫星技术上一展身手。他们还根据"热眼"的原理，制成"人造热眼"，这种"人造热眼"能探测到周围的物体，并准确地确定物体的位置。

一种能追踪目标的导弹是从响尾蛇身上得到启发研制而成的，因此被称为"响尾蛇"导弹。"响尾蛇"导弹，就是装上了"人造热眼"的导弹。这种导弹发射后，"人造热眼"就会紧盯着高温目标——敌机喷火口。不管敌机多么狡猾，也无法躲开"人造热眼"的追击。

# 海豹与舰船测音器

在第一次世界大战时期，装备了水下测音器的舰船，只有当自己停止不动时，才能收听到敌人潜艇的声响；不然，自己航行时测音器管子附近的涡流噪音，就会淹没敌方螺旋桨的声音。

但是，海豹在水下，即使自己快速潜水游泳，也能把对方螺旋桨的声音，听得清清楚楚。

于是，人们便把测音器的水下部分，按照海豹耳朵的形状，重新设计。

结果，涡流和涡流发出的噪声消失了，自己乘坐的潜艇在全速前进时，也能探测出对方潜艇螺旋桨的声音，知道它们的去向。这对于军事的发展影响重大。

# 海豚与声纳系统

随着海豚身上的无数秘密被揭开，人类对海豚的兴趣日益加深，它所具有的特殊构造和功能给人类很大的启发，于是开展了有关仿生学问题的研究。

首先，海豚有着惊人的游速，这不仅与它的皮肤有关，也与它整个身体的结构有关。海豚长期生活在水中，使它形成适于游走的流线型体型，它的皮肤构造特别，呈现出很好的伸缩性，能巧妙地把水流因受刺激而产生混乱现象的因素，加以吸收和消除，这样，皮肤和水的摩擦力就小了。

海豚还具有独特的运动器官尾鳍，它能有效地推动海豚前进。而海豚的鳍板有着弹性的自动调节。鳍板内的复合式动静脉血管的作用，同游速有着密切的关系。它保证了海豚具有高度的机动性，能跳得很高，游得很快，同时，又能突然停止。

根据海豚鳍板流体弹性的自我调节现象，有关技术部门仿照出一些结构的装置，使它们某些部分的弹性与刚性能进行调节。

人们开始尝试用橡胶来仿制海豚皮，制造成一种人造皮革薄膜，里面特地制成无数细小而中空的橡胶凸起，凸起之间都有孔道通连，还有一种粘液在孔道中流动。这种薄膜的表面非常光滑而具有伸缩性，能减少同水面接触时所产生的阻力。把它装置在鱼雷和小型船只或者潜水艇的外壳上，大大提高了推进的速度。

其次，对海豚进行了回声定位的研究。海豚的声纳系统虽小巧，却蕴藏着许多的奥秘，等待着人类去揭示。人们仿照海豚的声纳系统，制造出人造声纳。虽然使用的都是最先进的电子设备，但和海豚的声纳比起来却落后得太多，但它还是起到了一定作用，如仿生水声测位仪，对于夜间的潜水员及鱼雷制导系统都有极大的价值。美国海军科学家还能用电子方法重现海豚的声脉冲，把它发射到水中，用电子计算机把回声纳入人类所能听到的音域，这样，潜水员也能像海豚那样识别目标。

海豚与人类的生活将日益密切。

# 鸟和飞机的诞生

对于鸟儿，人类更多的是美慕，美慕鸟儿有翅膀，能飞到遥远的星空，去和太阳、月亮、星星"亲吻"。美慕之余，人类开始模仿，期盼着也有能飞翔的那一天。

早在2300多年前，著名的学者墨子曾带领300多个弟子，用了3年时间研究鸟儿的飞行，然后试制成了一只"会飞的木鸟"。这只"会飞的木鸟"在天上飞了一天一夜，最终还是掉下来了。

不久，木匠的祖师爷鲁班在"会飞的木鸟"基础上，用竹木做成了一只木鸟。这只木鸟比"会飞的木鸟"有了进步，在天上飞了三天三夜。

到了汉代，科学家张衡继续努力，也制作成功几只被安上羽毛翅膀的木鸟。同时，张衡还在木鸟肚子里装上机关。结果这只木鸟飞出好几里路远。

唐朝著名工匠韩志最擅长雕刻木鸟。由他亲手雕刻出来的木鸟，据说还会啄食饮水，像真鸟一样。他将机关安在鸟腹里，开动后，它能像真鸟一样飞行。

古人不但制作木鸟，更渴望像鸟儿一样直接飞上天空。我国王莽时代，有一个"插翼人"。他为了深入敌营进行侦察，曾在身上装上一对大鸟的翅膀，头上和身上插上大鸟的羽毛，结果他在空中滑翔了几百米远。

我国古人如此，外国古人也是一样。在希腊神话中有这样一则故事，一个名叫伊卡尔的少年，他在自己身上装上一对蜡做的翅膀飞上了蓝天。但不幸的是，上天后，蜡被太阳烤化了，他从天上一下子掉了下来。

在挪威也有类似的传说：很久很久以前，有两兄弟，哥哥叫韦兰德，弟弟叫爱尔格。他们在仔细研究了鸟类的飞行方法和羽毛结构后，终于制作成功一架羽毛飞机。两兄弟把"飞机"带到了高山上，由弟弟试飞。爱尔格上天后，由于没有办法控制飞机，最终摔死在悬崖峭壁中。

鸟有翅膀，能飞行；人为什么插上翅膀后，还是不能飞行呢？中外渴望飞行的能工巧匠们起初对此百思不得其解。在他们经过一次次失败后，再重新对人、鸟进行了研究，渐渐悟出了些道理。

鸟儿之所以能够飞翔，除了有一对翅膀外，身体的特殊结构也是原因之一。也就是说，鸟儿并非只靠翅膀飞行。这也是人为什么插上翅膀后还是不能飞行的原因。那么，鸟儿的身体结构与人到底存在着哪些不同呢？

鸟儿的体形是流线型的，飞行阻力很小。鸟儿的骨头中间是空的，比兽类骨头要轻得多，这也是它们能飞行，而兽类不能飞行的原因。鸟儿发达的胸肌被称作是"天然发动机"，它占体重的三分之一。除此，鸟儿还有特别发达的大片胸骨，用来附着胸肌并作为翅膀的基座。

据测算，鸟的"天然发动机"的功率是相当可观的。比如，一只鸽子约重340克，实际发出的总功率约为18.8瓦，折合每千克体重为55.1瓦。

而人呢？首先，人的体形不是流线型，骨骼又不是空的，因而很重。人的肌肉分散在全身各部分，臂肌和胸肌不是很发达。如果一个人想飞起来的话，他的胸肌和臂肌必须达到15千克以上，并且胸骨也要向外突出1米。

既便如此，人还是无法飞行。因为人体的"肌肉发动机"的功率仅相当于一只小鸽子的$1/10-1/4$。因此，人即使安上一对翅膀，也是无法飞起来的。

人虽然不能直接像鸟儿那样飞翔，但可以借助飞行器飞上蓝天。人们在彻底放弃了自己飞翔后，又萌生了制造飞行器的新的想法。

美国的莱特兄弟，哥哥叫威尔伯·莱特，弟弟叫奥维尔·莱特。他俩在立志要发明将人送上蓝天的飞行器后，每天连续数小时仰卧在地上，观察老鹰的飞行，看它们怎样起飞，怎样升降，怎样盘旋。晚上回家后，又一起钻研书本知识，讨论古人飞行失败的原因，又多方找寻欧美人制造飞行器失败的原因。

经过如此反复的研究，他们最终确定了"前缘厚、后缘薄的机翼截面和接近鸟翼的负荷"，又"用帆布和轻质木材做成了机翼、机身和机尾"，然后"采用大功率轻便汽油内燃机来推动螺旋桨"。

就这样，一架简陋的动力飞机制作成功。莱特兄弟为它取名"飞行者号"。

下面的工作就是看"飞行者号"是否能够试飞成功。

1903年12月17日上午，"飞行者号"进行试飞。当天，闻讯赶来的人成千上万，他们多么希望试飞成功，以便日后能够像鸟儿一样走近蓝天。

十点半，弟弟奥维尔·莱特勇敢地跨上了飞机，发动了马达。"飞行者号"如愿飞上了蓝天。虽然它仅在空中飞行了40米，花了12秒，但却因此宣告人类历史上第一次载人飞行获得成功。

从此，人类有了飞机。人类在鸟儿面前不但不再自卑，反而十分骄傲地对鸟儿说："我们也能飞翔！"

# 啄木鸟和防震盔的设计

当我们观看赛车比赛时，不难发现运动员每人都戴着一顶头盔。这种防护防震头盔的设计是受到啄木鸟"防震头"的启发。

啄木鸟整天撞击树干而为什么不会得脑震荡？其原因就是因为它们有一个与众不同的"防震头"。

科学家们根据啄木鸟"防震头"里的防震装置，设计出了专门用于防震的防护帽和防震头盔。这些特殊的帽子、头盔并不只是我们表面所看到的有一个坚硬的外壳那么简单，帽子或头盔里还垫了一个松软的套具。

根据啄木鸟在脑子的外脑膜与脑髓之间还有一条空隙的原理，科学家在头盔外壳和松软的套具之间留出一道空隙。

啄木鸟在啄木时，如果头部歪向一边就会造成脑部受损。从物理学的角度说，造成脑损伤的，不是直线的水平运动，而是突然地作弧形旋转运动。啄木鸟之所以始终保持直线水平运动，就是因为它的头颈部有强而有力的肌肉系统，同时喙和头部始终处在一条直线上。

因而，科学家在设计防震头盔时，就在头盔里附加了一个保护性领圈。这个领圈套在脖子上，作用就是在遭到突然撞击时不使头部作弧形旋转运动。

# 夜蛾与反雷达系统

夜蛾在现代仿生学中，特别是在现代战争中也起过举足轻重的作用，最著名的就是因为它具有十分高超的反声雷达本领，故而受到军事仿生学家的青睐。

夜深人静时分，一只蝙蝠四处寻觅着食物。当它突然发现了夜蛾时，叫声的频率突然升高，这是为了把目标保持在探测范围之内，就像扫描雷达捉到目标后会自动增加发射脉冲数一样。

然而，蝙蝠叫声频率的升高很像是一种警报，而这种警报只有夜蛾才能感觉到。听到"警报"的夜蛾知道蝙蝠发现它了，于是趁蝙蝠离自己还远，不慌不忙地逃走了。夜蛾之所以有这样的本事，完全归功于它有高超的反声纳技术。

夜蛾的反声纳技术来自于它那特殊的耳朵——鼓膜器。鼓膜器长在夜蛾的胸腹之间的凹处，里面有两个听觉细胞和一些鼓膜神经，专门接收超声波信号，甚至连超声波信号的变化都能感觉出来。

当专门捕捉飞虫的蝙蝠离夜蛾还比较远时发现了夜蛾，它那突然升高的叫声频率帮助了夜蛾。如果蝙蝠发现夜蛾时已经离夜蛾很近了，那也不容易捉到夜蛾，为什么呢？

原来，当蝙蝠离夜蛾很近时，夜蛾的鼓膜器里的神经脉冲就会达到饱和频率，这就相当于"通知"夜蛾："情况已十分危急。"这时，夜蛾便会采取诸如翻筋斗、兜圈子、螺旋下降或干脆收起翅膀、一个倒栽葱落到地面的草丛中等紧急措施。这一连串的动作往往成功地干扰了蝙蝠的超声波定向，使蝙蝠失去了目标。

这还不够，夜蛾如果想彻底摆脱蝙蝠的"魔爪"，还得使用另外的"秘密武器"，那就是它的反声纳装置。这个装置是卡在足部关节上的一个振动器，它可以发出一连串的"咔嚓声"，这种声音就是专门破坏蝙蝠的超声波定位的。

另外，夜蛾身上厚厚的绒毛也是它的"武器"，这层绒毛可以吸收超声波，使蝙蝠收不到足够的回声，从而大大缩小了蝙蝠声纳的作用距离。

当蝙蝠发现了夜蛾时，夜蛾会采取一系列的措施从蝙蝠眼皮底下脱逃。聪明的夜蛾有时并不会等着蝙蝠发现它后再逃，而是主动发射极高频率的超声波来探测蝙蝠的行踪，一旦探明目标的方向，它就可以从容逃走了。

根据夜蛾这个反探测系统，仿生学家制成了反雷达系统，并运用于现代战争中。虽然其精巧性和灵敏度远远不如夜蛾，但也足以成功干扰对手的雷达系统。

英国皇家空军一个执行电子干扰任务的部队——三六〇中队特地用夜蛾作为队徽，以显示夜蛾与现代空军的关系。

# 给导弹、飞机装"眼睛"

虽然有人戏称导弹是"长眼睛的炮弹"，但它在实际运用时，并非百发百中，偶尔也会出现偏差，这说明它的"眼睛"其实还不够敏锐。为此，仿生学家受昆虫复眼的启发，给导弹装上了"虫眼速度计"，这就是新式导弹。装上虫眼速度计的导弹比普通的导弹要强多了，它能迅速测定导弹与目标间的相对速度，并指示导弹不断调整方向与速度，从而一举摧毁目标。那么，"虫眼速度计"到底是什么呢？让我们来读一读下面一段文字：

以螳螂为例，当它的复眼跟踪飞虫时，位于颈部的本体感受器也开始工作了。本体感受器有两组由数百根弹性纤维组成的感受垫，飞虫向右边掠过，螳螂把头转向右边，使右感受垫的纤维被压弯。头部旋转的角度越大，被压弯的弹性纤维越多。与此相对应，左感受垫里有同样根数的纤维伸直了。纤维的弯曲或伸直刺激位于它们基部的感受细胞，使脑子形成不同的兴奋信号，通过这种兴奋信号的差别，脑子就测出了飞虫运动的速度。

人们模仿昆虫的这种复眼，就制造出了"虫眼速度计"。除了装在导弹上外，它还被广泛运用到飞机上。装上虫眼速度计的飞机在着陆时能随时测知它相对于地面的速度，从而做到不快不慢。

# 消除飞机颤振

1903年，人类发明了飞机。据说，人类最初萌生制造飞机的想法是受到蜻蜓的启发。

飞机启用后不久，科学家在研究不断提高飞机飞行速度时，遇到了一个很大的难题，那就是飞机飞行时，两个机翼会发生有害的振动。他们把它称为"颤振"。这种有害的"颤振"往往会造成翼折人亡的恶性事故。

如何才能消除这种颤振现象呢？科学家在始终找不到答案之下，不由又想起了蜻蜓。既然飞机是仿照蜻蜓制造的，那么，一定能在蜻蜓身上找到消除颤振的方法。

首先要搞清楚的问题是蜻蜓为什么是昆虫界的飞行冠军？它在飞行急速时，翅膀为什么不会因振动而折断？科学家在对蜻蜓进行反复研究后终于发现秘密就在蜻蜓的翅膀上。

蜻蜓每对翅膀前缘的上方都有一块颜色较深的角质加厚区，叫"色素斑"。它像一颗小痣，所以又称"翅痣"。

科学家反复试验，他们把蜻蜓翅膀上的这个特殊的翅痣切除，但并不损坏翅膀的其他部位，然后把它放回天空。他们发现这只没有了翅痣的蜻蜓虽然仍能飞行，但却像酒鬼似的摇摇晃晃。

原来，正是"翅痣"的角质组织才使蜻蜓飞行时消除了"颤振"现象。

找到原因后，飞机设计师模拟蜻蜓的"翅痣"，在现代飞机机翼的末端前缘装置了类似的一块"加厚区"。果然，加厚区就像翅痣一样帮助飞机消除了"颤振"，从而使飞机在飞行时始终能保持稳定。

# 蝴蝶和卫星散热装置

蝴蝶能反射阳光中的光波，形成五颜六色的色彩，所以人们将蝴蝶称为会飞的"花朵"。

蝴蝶为何能美化自己，原来她的翅上有排列整齐、细小的鳞片。鳞片不仅使她成为美丽的花朵，而且使其免受阳光的高空伤害。

蝶翅上的鳞片如此巨大作用，启迪了航天专家利用蝴蝶鳞片反射的原理，改变了航天技术上高端机体及机内仪器的损坏。

众所周知，当人造地球卫星进入高空运行时，在阳光强烈照射下，卫星体温可升高达100-200℃，当卫星运行到地球的阴影区时，表面温度又会骤然下降处于0℃以下。

卫星这种温度奇特的变化影响了内部仪器的正常工作。如何控制卫星体温的变化呢？是蝴蝶的鳞片使航天科学家茅塞顿开。

原来彩蝶身体表面的鳞片可形成无数个光镜。当气温升高时，鳞片会自动张开，增加反射太阳光的角度，令其减少太阳光的照射，免受太阳的灼伤。当气温下降时，鳞片会紧紧地贴在身体表面，让太阳光直射在鳞片上从而吸收更多的太阳能，增加体温。

科学家就是利用这个原理，制成一种巧妙而灵敏的仿生学装置。这种装置的外形如同百叶窗，每扇叶片两个表面的辐射散热功能相距甚远。百叶窗的转动部位装有一种对温度极敏感的金属丝。利用金属丝热胀冷缩的物理性质，当卫星飞至地球阳面时，温度超过标准，金属丝就会受热膨胀，使叶片纷纷张开，将辐射散热能力大的那个表面向着太空。当温度迅速下降时，也就是卫星飞行至地球阴面时，金属丝会遇冷而收缩，使每个叶片紧紧闭合，让辐射散热能力小的那个表面暴露在太空，抑制卫星散热。

航天技术有如此突飞猛进的发展，不可否认，蝴蝶立了奇功。

# 蜘蛛与宇航员 "安眠"

蜘蛛与宇航，乍一看是风马牛不相及的。一个是地球上微不足道的小生物，后者则是需要高精尖科技的尖端事业，两者怎么能相提并论呢？

我们知道，星际飞行的路程是非常漫长的。即使以宇宙飞船这样快的速度，也会花费很长很长的时间。宇航员在这么长的时间里，如果像正常人一样进食、睡眠，一方面会没有价值地消耗掉许多体能，另一方面食品、水也会增加装备的重量。

那么如何解决这个问题呢？最好是使宇航员处于一种休眠状态，既保存了人体的体能，又不会消耗食物和水。如果注射药物或服用安眠药的话，又会对人体产生副作用。

这时候，小小的蜘蛛来发挥作用了。英国利物浦大学的生物化学家们，对亚马逊河岸上的一种蜘蛛进行了研究。他们发现这种蜘蛛的毒液，不会将猎物毒死，而是使它们长时间陷入昏迷状态。于是他们提取了这种蜘蛛的毒液，制成了一种安眠药。经检测，这种安眠药对人体不会产生任何副作用，而可以使人长时间安睡。而且，即使是在酷热的高温下，这种安眠药也能保存很长的时间。生物化学家们认为，如果让宇航员在星际飞行中使用这种安眠药，将会收到很理想的效果。

# 蚂蚁和"人造肌肉发动机"

从蚂蚁脚爪的"肌肉发动机"里，科学家们受到很大启发。

他们认为，我们目前使用的起重机一般是靠发动机工作的，但工作效率并不高，比起蚂蚁来就更差了。原因是火力发电要靠烧煤，使水变成蒸汽，蒸汽推动叶轮，带动发电机发电。

这是一个将化学能变为热能，热能变成机械能，机械能变成电能的复杂过程。过程一长，中间有些热能就跑掉了，造成了很大的浪费。蚂蚁脚爪里的"肌肉发动机"却很少有浪费，这是因为它利用肌肉里的特殊燃料使化学能直接变成电能，所以效率很高。

找到了问题所在，就容易解决了，那就是只要设法缩短过程，也就是说，使化学能直接变成电能，就会减少许多浪费，而且会大大提高工作效率。

于是，科学家们经过研究、试验，终于制造出一种将化学能直接变成电能的燃料电池。这种电池的效率很高，达到70%至90%。

从蚂蚁脚爪的"肌肉发动机"里，科学家们又想到，如果能够制造出"人造肌肉发动机"，那该多好！目前，这种研究还在进行中，但我们相信，科学家们总有一天会成功的。

# 蝙蝠"以耳代目"的研究

在林林总总的动物世界里，蝙蝠的视觉有名无实，有眼如盲。但它们为了适应特殊的生存环境，其听觉却变得高度发达，完全能做到"耳闻犹如眼见"。

因此，听觉与它们生存密不可分，听觉的丧失意味着对它们的生存构成直接威胁。

那么，它们究竟是怎样实现以耳代目的呢？

原来蝙蝠身上，有一个出色的声波探测器，能够发出超声波信号；在噪声干扰之下又能使用它的回声定位器，捕捉回声。所以，在漆黑的夜晚，蝙蝠在湖畔、树林、庙宇、山谷之间翱翔自如；而且边飞边捕捉飞蚊，一晚就可以捕食3000多只。即使碰上一根细得像人的头发丝那样的细铁丝也会巧妙避开。

它们分辨声音的能力极强，在城市的各种噪声中，它能正确判断出飞蚊和夜蛾出没的地方，因此，捕食技艺高强。

自然界里，最早被发现以耳代目的动物是蝙蝠，从观察到它们听觉的"视"功能到回声定位概念的提出，其间有150余年的时间。蝙蝠为什么能在夜间飞行呢？揭开这个秘密的是意大利科学家斯帕拉捷。

1793年，意大利著名生理学家斯帕拉捷开始注意到，每当夏天的夜晚，蝙蝠总能自由自在地飞翔，他就想：蝙蝠一定是长着一双非常特殊的眼睛，使它能在黑暗中灵巧地躲过各种障碍物，捕捉到食物。如果眼睛瞎了，它也就不会在夜晚显示它的本领了。

斯帕拉捷便逮住几只蝙蝠，把它们的眼睛弄瞎了，并将这些灼瞎双眼的蝙蝠放入黑暗房间，想不到它们依然翱翔自若，事实完全出乎斯帕拉捷的意料。没有眼睛，蝙蝠照样能够飞来飞去，这说明瞎眼蝙蝠同视力正常的蝙蝠一样能正常生活。

斯帕拉捷非常奇怪，不用眼睛，蝙蝠又是依靠什么来辨别物体，捕捉食物的呢？于是斯帕拉捷又把蝙蝠的鼻子堵住，后来又割掉它的舌头。结果，蝙蝠在夜间飞得还是那样轻松自如。

"难道它的翅膀不仅能抖动飞腾，还能在夜间洞察一切吗？"斯帕拉捷这样猜想，他用油漆均匀地涂在蝙蝠身上。然而，这丝毫没有影响到它的飞行。

其后，瑞士生物学家尤里尼设计了一个实验：用蜡堵塞住蝙蝠的耳朵，结果发现蝙蝠完全失去了定向的能力，像无头的苍蝇，东碰西撞，很快就跌落下来了，完全丧失了自由飞翔的能力。

斯帕拉捷对尤里尼的实验又作了进一步的修改，他拿了一些极细的铜管，放在蝙蝠的耳道内。若将铜管开着口放进去，蝙蝠仍能正常地绕过障碍物飞行。若将铜管的开口完全塞住，蝙蝠完全失去了定向能力，并向障碍物乱撞。

这个实验是很令人信服的，它排除了这样一个可能性：因放耳塞引起的刺激或损伤而导致定向失误。另外，他们还用几组蝙蝠分别作了许多其他方面的实验，都没有产生什么影响蝙蝠飞行定向的效果。

斯帕拉捷和尤里尼对这令人惊异的发现所作的解释是，蝙蝠具备以耳"视"物的能力。

遗憾的是，他们的这一大胆而正确的结论未受到当时科学界同行们的重视和认同，反而遭到当时法国很有名气的解剖学家居维叶的贬抑和鄙弃。

他认为，蝙蝠在空气中运动时其皮肤产生的触觉是它们失明状况下得以自由飞翔的缘由。这种似是而非的理论统治蝙蝠研究领域近一个世纪。

直到20世纪初，美国动物学家哈恩在印第安纳州立大学进行了蝙蝠回避障碍物的实验研究以后，居维叶的错误论点才得以纠正，因为哈恩在他的实验报告中明确指出：蝙蝠皮肤触觉的丧失并不导致它们躲避障碍物的能力受阻。可惜由于受到当时实验条件的限制，哈恩无法进一步穷幽极微。

真正拉开20世纪动物声纳研究序幕的是被同行尊称为"教父"的美

国实验动物学家格雷芬。30年代时，他只是哈佛大学的一名研究生，同时也从事蝙蝠行为方面的研究，他的几位朋友一直敦促他去拜访物理学教授皮尔斯，因为这位物理专家发明了一种检测超声的仪器，该仪器当时在世界上可能是独一无二的，能检测到接近100千赫兹的高频声。皮尔斯本人在昆虫的高频声研究方面也颇有造诣。

在皮尔斯的热情支持下，格雷芬捕捉了一笼小棕黄蝙蝠置于那台检测高频声的仪器旁，结果弄得仪器"嗡嗡嗡"地和"嚓嚓嚓"地响个不停。当这些蝙蝠被允许飞行时，仪器则只有偶尔才检测到它们的高频声。

1938年，皮尔斯和格雷芬在《哺乳动物学》杂志上报告了这一新发现，从而使人们第一次意识到，默默无声的蝙蝠原来是在使用人类听不见的超声语言。

此后几年，格雷芬做了一系列严谨的科学实验，证明了蝙蝠不但能发出超声并且能接受超声，而且还能通过接受分析超声回声信号来"看"周围物体。

基于这些富有开创性的实验研究，格雷芬于1944年在《科学》杂志上发表了他那著名的论文——《盲人、蝙蝠和雷达的回声定位》，文中将自然界任何利用类似"声纳"原理以声探测周围环境的过程称之为"回声定位"。至此，多年来一直使人们感到困惑不解的问题——蝙蝠何以能"以耳视物"，终于有了初步答案。

从20世纪40年代，特别是60年代以后，有关蝙蝠回声定位功能的研究蓬勃开展，至今方兴未艾。在所有已研究过的小蝙蝠亚目中（该目约800余种），它们都进行回声定位，而大蝙蝠亚目（该目154种）只有一种。由于蝙蝠种类繁多（几乎占哺乳动物的五分之一），分布广泛，食性不一，形态学及生态学差异较大，因而不同种类的蝙蝠回声定位行为各自有别。

由于超声具有方向性强、辨距精度高的特点，通过分析处理超声回声信号的时间差和强度差来采集信息已成为一项得到广泛应用的技术，如人们熟知的医用B超、超声探测仪等。

然而，蝙蝠的回声定位能力远非我们现在已掌握的超声应用技术所能比拟，这些"空中盲大侠"在跟踪飞蛾时动作之敏捷、成功率之高，再杰出的航天工程师也会羡慕不已。此外，蝙蝠无论在水平方位还是在垂直方位都有极其良好的声定位能力，因而从某种意义上讲，蝙蝠听觉的"视"物敏锐度并不亚于眼睛。

引人注意的是，蝙蝠能根据目标的距离来控制声脉冲能量并调节声发放率。它们一旦逼近目标，就会增加声发放的重复率以获取更多更详细的目标信息。可见，蝙蝠在进行回声定位时包含着一系列极为复杂的主动调节过程，这一点与被动视物迥然有异。

蝙蝠是仿生学研究的一个重要对象。

蝙蝠的声纳能力，仿生学家们是如何应用的呢?

在船只、舰艇上装备上这种"声纳"的装置，就可以发现水中的物体，如潜艇、水雷、鱼群、冰山和暗礁等。科学家从蝙蝠身上得到启发，在第二次世界大战以前就发明了雷达。雷达通过天线，发出无线电波，电波遇到障碍物以后，很快就被反射回来，让雷达的天线接收，并在荧光屏上显示出来。雷达不但能探明目标的方向，还能计算出它距离雷达的远近。声纳在军事和渔业生产上的确发挥了巨大的作用。

还有一种食鱼蝠，当它们掠过水面时，向水里发射超声波，并收听回波以测定鱼的位置，以便发起袭击。食鱼蝠的这种水下探测本领，引起了军事技术专家和仿生学家们的极大兴趣，他们从中获得启示，希望能仿制出一种能发现潜水艇的高灵敏机载雷达。

根据对蝙蝠超声定位的研究，现在已仿制出盲人用的"探路仪"来代替盲人用的探路拐棍。这种仪器，可以发射超声波，再把周围物体反射回来的回声信号转变为人耳能听到的声音信号。这一装置的有效距离为10米左右，盲人可以借助仪器来识别路面情况。

还有一种可供盲人用的"双耳助视器"，这个仪器就像一副眼镜，在眼镜的鼻梁上装有一个超声波发射器，它在55度立体角内放射出45000～90000赫兹的超声波，遇到物体反射回来的信号，由传感器接收，转变成人耳能听到的声音信号，通过人脸两侧的两个耳机而传给盲人的双耳，从而用耳代替了眼睛来识别周围事物。它的电源只有香烟盒那么大，装在上衣口袋内很方便。

蝙蝠的回声定位系统还有一个特点，就是抗干扰能力很强。有人实验，用人为施放的噪声去干扰蝙蝠发射的超声波，结果证明，哪怕干扰噪声比蝙蝠发出的超声波强100倍，蝙蝠仍能正常地进行捕食及躲避障碍物。

　　但是，人造的超声定位装置却很难排除噪声的干扰。当信号和噪声的比值为1:1时，装置就会因干扰而失灵。如何根据蝙蝠的启示，制造出灵敏度更高、抗干扰能力更强的超声波定位器，是仿生学工作者研究的重要课题之一。

# 动物仿生种种

在人类社会进化过程中，动物也发展了各自独特的生存本领，在它们身上形成的特异功能，确实令人赞叹不已，使当今的一些尖端技术都相形见绌，自叹不如。

人们出海远航时，船上必定带足淡水，不然一旦淡水喝光，虽然面对大海，但是也得渴死，因为人是不能靠海水生存的。而许多种海鸟和海龟的身体上却有"海水淡化装置"，这就是盐腺。海鸟的盐腺位于眼眶上部，有一长管在靠近鼻孔处开口，当这些海鸟饮过海水后，在15分钟内就有浓盐水从盐腺中排出。不知道的人，还以为海鸟感冒，在流清水鼻涕呢。

响尾蛇在鼻孔和眼睛之间有一个颊窝，这是一个高灵敏度的热定位器，对周围环境温度的变化极为敏感，能在几尺的距离内感受到千分之几摄氏度的温度变化。所以，它能准确地判断附近恒温动物的存在及其远近位置。

鲨鱼的吻端及上下颌的地方分布着许多小孔，下面接连着称为罗伦氏壶腹的小管，里面有感觉细胞和神经末梢。这是一个能接受微弱电刺激的"电感受器"。在鲨鱼附近游泳的动物，其肌肉收缩时所产生的电位差，全都被鲨鱼的"电感受器"接收到，从而引导鲨鱼向猎物发动突然袭击。

动物身上这类奥妙结构与功能，真是举不胜举。人们从大自然中得到的有益启示，逐步揭示出生物的奥妙，并模拟这些结构的原理应用到新技术上，于是，就产生了仿生学。仿生学，是研究生物系统的功能、结构、能量转换和信息传递过程的，并将所获得的知识应用于工程技术的改造和创新的一门新兴科学。

# ◎ 动物保护 ◎

　　砍伐森林，排放污水、废气……人类的活动使动物的生存环境受到了极大的破坏，整个自然界的生态也已失衡。

　　保护动物、保护生命，就是保卫地球和保卫人类自身。

# 保护虾类资源

对虾是一种大型虾类，以体型大、肉鲜嫩而著称。

随着生产力的发展，投入海洋渔业的捕捞力量成倍地增长。无论国内、国外，都面临着由于捕捞过度所造成的水产资源衰退现象。尽管捕捞强度飞速增长，但产量却急剧下降。

在一片资源衰退声中，唯有对虾始终保持持续高产，一枝独秀。这是为什么呢？要揭开这个秘密，首先得了解对虾的生活。对对虾的行动分布和生活习性的了解，为我们进行渔业管理提供了重要的依据。

对虾的生命周期只有一年，秋汛捕捞的是当年生的补充群体，由单一世代所组成。因此，对虾资源的盛衰，或者说资源量的大小，完全取决于幼虾的出生量和成活率。而出生量的关键，又在于产卵仔虾的数量；幼虾成活率的高低，则取决于对虾繁殖生长期间，外界环境的优劣和人类对其损害的程度。

对虾的早期是在河口附近的浅海区度过的。由于浅海区的环境条件变化大，幼虾对外界环境的适应能力又较差，因此，在其复杂的发育过程中，只有一小部分能度过幼体阶段。

另据调查，对虾的仔虾具有溯河的习性，可以逆流而上，沿河道上溯到离河口几十公里的地方。仔虾长到5-10厘米时，逐渐离开河口，在水深15米以内的近岸浅海区活动。仔虾在溯河和活动在浅海区时，极易受到人为的损害。而这种损害，是属于通过努力完全可以解决的问题。因此，现行的《对虾繁殖保护条例》，对各种损害仔、幼虾的网具的禁渔期和禁渔区，都做了明确的规定，同时也规定在盐田和其他工业用水时，防止损害仔、幼虾。多年来，这些保护措施的贯彻执行，无疑对增加对虾资源起着极其重要的作用。

　　我国政府对保护对虾资源的工作历来十分重视。早在1962年国务院就批准了《渤海区对虾资源繁殖保护试行办法》。尔后，国家又颁布了《渤海区经济鱼、虾类资源繁殖保护条例》和《渤海水产资源繁殖保护条例》，并在实践中采取了许多具体措施，收到了十分明显的效果。

# 河蟹资源的保护

　　河蟹是我国的水产珍品，不仅深受国人的喜爱，而且也是我国重要的出口创汇产品之一。因为人工养殖的螃蟹无论从口味，还是从营养价值方面来看，都比不上自然生长的螃蟹，所以，保护河蟹资源就显得极其必要和重要。

　　在自然生长的河蟹的生命旅途中，有许多外界的因素会导致它们中个体的死亡，其中就有人为捕杀的因素在内。每年秋末冬初的时候，成熟的河蟹们都从洞中爬出，成群结队地涌向河口，在那儿，它们交配、产卵，以完成繁衍下一代的任务。这个时候的河蟹经过长时间的准备，个个营养充足，肉肥黄满，是河蟹一生中最肥壮的时候，所以也正是人们捕蟹的旺季。

　　为了捕捉这些肥美的河蟹，人们就在它们的必经之地设下大量的网、篓，致使大量的河蟹还未到达浅海的时候就被端上了餐桌，只有少数的河蟹能够侥幸逃脱，安全来到河口浅海地区。由此，沿途的大量捕杀大大地减少了蟹苗的数量，使蟹资源受到严重破坏。所以，为了保护河蟹资源，人们应该克制一下自己的食欲，手下多留情，放过这些肩负着养育下一代任务的成蟹，让它们安全到达目的地，为螃蟹家族产下更多的后代，丰富我国的蟹资源。

　　只注意保护成蟹，那是远远不够的，对幼蟹、蟹苗都应实施一定的保护措施。到了春季，生活在一些大河底部的幼蟹会成群结队地逆流而上，如果这时候人们结网捕捉，也会造成幼蟹资源的大量损害。我国已规定在长江的某些河段禁止捕捉，但就目前的事实来看，这些禁令没有得到很好的贯彻，仍旧有不少人在这些河段下网捕蟹。这些上迁的幼蟹经过长途的跋涉后，纷纷来到食物丰富的江湖中。经过一段时间的生长，到6、7月份，这些幼蟹已经长大了许多，而且黄满肉嫩，味道极好。这时的它们也极易引得人们前来捕捉，甚至有些人竟提出"欲尝蟹鲜，还是六月蟹好"的说法。这种为了图一时之享受的暴珍幼蟹资源的行为实在不可取，为了多些能生育的九月蟹，这些"品蟹专家"还请口下多多留情吧！

对于生存能力较低的蟹苗，人们则更应该多加保护。当这些蟹苗从卵中孵出之后，经过蚤状幼体、大眼幼体到幼蟹的成长阶段，本来就会夭折一大批，剩余的这些蟹苗在长成为幼体后，就要冒着千难万险，沿着父母的足迹，回到父母的旧地。在这长长的旅途中，年幼的河蟹们往往又要因为各种原因死伤过半。因此，人们应该尽量为这些蟹苗的洄游创造条件。如每年初夏以后，当蟹涌向河闸时，应该拉开闸门，放蟹苗过去。长久以来，人们一直未能重视蟹苗的保护工作，当大量的蟹苗拥在闸门口的时候，人们往往会下网捕捞，用它们去喂养鸡鸭，这样的捕捞就给蟹苗资源造成了极大的浪费。为此，保护蟹苗也是保护蟹资源的一个重要措施。

当然，保护蟹资源要做到的远远不止这些，这些只是一些被动的措施，要想真正地开发我国的河蟹资源，还应针对河蟹的生存习性采取一些主动的措施，积极为河蟹的生存创造条件。只有这样，我国越来越短缺的河蟹资源才有可能日渐丰富。只有这样，河蟹才会再次被端上餐桌，而且也有可能为我国带来更高的经济效益。

# 鲸类"集体自杀"和营救

鲸类"集体自杀"的原因可能有多种，但其中不乏人为诱导因素。福建省博物馆的学者李树青研究许多鲸鱼搁浅事例后，从中发现它们有以下5个共同点：

搁浅的地理环境相似，均为海水浅、底层为泥沙淤泥的港滩，水深均为10米左右。这样的底层条件和水深，极易造成鲸类搁浅，这点与"地形论"相符合；

搁浅地都养殖着贝壳、藻类等，因此可觅食的鱼类很多，吸引了鲸类，这点符合摄食论的特征；

都是渔民先捕捉到一条，而且始终未将其放逐；

人们对搁浅者虽尽力抢救，但均未成功；

鲸群中一个伙伴不能获救时，其他鲸均不离开，直到造成集体"自杀"的悲剧。

从以上5点可以看出，造成鲸类集体"自杀"，是各方面因素综合作用的结果，而不是单一因素造成的。其中，人类的影响起了关键的作用。

因此，可以把这种集体"自杀"行为，称作"人为诱发性鲸类'自杀'"，简称"人为诱发"。

"人为诱发"论，除了上述事实可以佐证外，理论上又如何解释呢？

首先，鲸类中的大多数种类，具有群聚的习性，并因此形成了很强的眷恋性。据美国报纸报道：1976年7月25日，有30条伪虎鲸在美国的佛罗里达海滩搁浅。

当时，它们以一条大型雄鲸为中心，排成楔形，头朝海岸。如果分别将其推入水中，它仍会去而复返。但是，如果整群互相接触着，往深水处推，则很容易获得成功。

这个例子可以充分说明伪虎鲸之间的眷恋性。

又如在1959年11月16日，我国大连的小耗岛，一艘小型捕鲸船命中了一条雄性伪虎鲸，当船员放出浮标后，有一条雌鲸游近雄鲸，并以身体接触它。当然，雌鲸也很快被击中了。

1982年，福建省龙海县渔民捕获了一条中华白海豚，并用船在水中拖带着返回港口。结果发现它的同伴，尾随船只游了很长的时间，才快快离去。

这样的例子，当然还可以举出很多。

这种现象又该如何解释呢？

对此，美国动物学家阿·吉·格涅德教授在讲到抹香鲸时说："如同北极露脊鲸一样，抹香鲸也是一种眷恋性很强的动物。尽管它常常羞怯到令人惊讶的程度，但却仍有足够的勇气，去拯救其他受到伤害的同伴。"

其次，是鲸类之间有相互求救的信号联络。对此，美国生物学家拉·沃得森认为：若是有一条鲸鱼因伤病而搁浅，并发出求救信号，其他的鲸就会赶来奋力相救。只要伤病的个体没有得救，其求救信号就会仍然不断发出，其他鲸就不会弃之不顾。这种信号的存在，并非是科学家的虚构。

一位国外的动物学家洛格尔·裴因，对途经百慕大、主要在夏威夷越冬的座头鲸，进行了4年的观察研究。同时，他和同事们还做了水下录音。后来，在普林斯顿大学马克维教授的帮助下，对这些录音进行了分析。

结果发现：座头鲸发出的声音，都遵循同样的发声规律，并且具有同样的结构，它们不但能够记忆复杂的声音次序，还能把这些记忆储存6个月之久。

这项研究证明，鲸类确有发出求救信号的能力。同时也有人推测，鲸的"雷达"系统也有求救的功能。

当我们清楚了鲸类的人为诱发集体"自杀"产生的过程和原因后，可以在一定条件下，尽量避免或减少这类"自杀"悲剧的发生。

以下两点防范措施，应该是可以做到的。

首先，要对渔民进行保护鲸类的宣传教育，杜绝人为诱发的因素。

其次，在误捕到鲸或海豚之后，不可将其拖入港内或浅海区域。如果已经拖入，而且发生成群同伴前来救援被捕者，并且驱逐它们无效时，应及时切断求救信号。这样，就有可能让尾追而来的同伴自行离去。

今天，动物学家对鲸类的"自杀"现象，提出的"人为诱发"论，目的是尽量避免人为的、直接的诱导因素，与鲸类的习性相结合，而造成这样的悲剧。同时，对探讨人类间接影响于鲸类身上所发生的"自杀"事件，也有一定的意义。

当然，"人为诱发"论，只是鲸类"自杀"诸多解释中的一种。它虽不能全面解释鲸类"自杀"的确切机理，不能阐明鲸类的内心世界，到底有何难言的苦楚，而自寻短见的原因，但至少可以提醒人类，应注意到人为因素的影响。

研究动物的学者殷静雯、华惠伦曾经撰文道：

在今天，虽然预防鲸类动物搁浅的希望十分渺茫，但是少量鲸类动物的搁浅并不危及其种类的灭亡。因此，营救鲸类动物搁浅，并不只关系到它的保种问题，而且涉及动物的健康状况。

以人类目前的技术和条件，我们已有可能在不伤害鲸类动物和救护人员的前提下，促使个体较小的搁浅鲸类动物，再次游回海中，获得新生。

有时候，一些得到营救的鲸类，在适宜的环境下能够恢复正常生活，而一旦搁浅的鲸类，当其个体相当庞大且又受伤时，或者搁浅地带救护人员难以到达时，那么唯一的预防再发生类似事件的办法，就是由专业人员毁灭现场，以免其他鲸类动物，可能是出于"集体主义精神"而继续冲来搁浅。

目前，人类营救鲸类动物搁浅的方法，大致有以下几个步骤：

首先是润湿搁浅鲸类。因为一直生活在海洋里的鲸类动物，一旦离水在海滩上搁浅，身体会很快过热以致皮肤破裂。所以要及时浇洒海水，并用湿润的棉麻布遮盖其身，仅露出鼻孔让其呼吸。

其次是运输搁浅鲸类。保持搁浅鲸类的湿润，并非是长久之计，因而应迅速派车装载搁浅鲸类，把它们运到尽可能近的再次浮水点。这一步骤对集体搁浅的鲸类来说更为重要。

第三是提起搁浅鲸类。当将它们运到浅水处后，必须用担架或网兜将其躯体小心提起，切不可众人用手抬拎它的鳍部或尾部。因为鲸类的身体很重，稍不注意，就会对它造成伤害。

第四是撑到搁浅鲸类能自由游泳。鲸类搁浅后，常常处于昏迷或混乱状态。所以救护人员必须在水中支撑其躯体，直到它恢复平衡并能自由游泳时为止。

# 大瑶山鳄蜥处在濒危中

大瑶山的鳄蜥在分类上属于独科（鳄蜥科）、独属、独种，在世界上仅分布在我国。

瑶山鳄蜥为我国特有的珍稀动物，仅分布于我国广西境内的瑶山罗香乡、贺县姑婆山，昭平九龙乡、北陀乡等山区的沟谷附近，数量虽不算很少，但却是全世界仅有的产地。

1978年以来，科研人员对鳄蜥的现存状况，做了多次实地考察，并做了研究，发现鳄蜥的数量在迅速减少。造成鳄蜥濒临灭绝的原因，主要有两个方面。

首先是生活环境受到严重破坏。鳄蜥生活在海拔700米以下的密林沟谷中。这里雨量充沛，气候湿润，水源充足，山溪水常年不断，植被为常绿针阔混交林，昆虫繁多，是鳄蜥理想的栖息环境。

但是近年来，鳄蜥产地的山林多被破坏，如贺县里松乡姑婆山的山林，大部被烧光或砍光，有的成为秃山，致使山溪干涸，鳄蜥无生存之地。

其次是对鳄蜥肆意捕杀。鳄蜥一年只产一次，每次产仔2-7条，繁殖率不高，成活率又低，成年鳄蜥还有吞食幼蜥的现象。鳄蜥仅产于中国广西的几个地方，分布范围狭窄，这也导致了鳄蜥的存活数量甚少。

近年来，滥捕滥杀鳄蜥的现象十分严重，还有人打着"自然标本站"的招牌，收购鳄蜥，成箱外运，谋取暴利。金秀县罗香乡曾有一次捕捉100多条的现象。产地居民还有用鳄蜥治儿童疳积、体虚等症而随意捕杀的。这就造成鳄蜥存活数量锐减濒临灭绝的状况。

近年，有人到产地考察，却很难看到鳄蜥，与前几年随地可见的情况迥然不同。据实地考察并参考群众的估计，总数量已不超过2000条。如不及时采取有力措施，则这一世界珍稀动物会迅速灭绝。

# 打击巨蜥贩子

巨蜥是国家一级保护动物。根据《林业部、公安部关于陆生野生动物刑事案件的管辖及其立案标准的规定》，非法捕捉、贩卖1只巨蜥，即可构成刑事案件，由司法机关立案处理；非法捕捉、贩卖2只的，构成重大案件；非法捕捉、贩卖4只以上的，则成了特大案件。北京市海淀区警方在工作中获悉，胆大妄为的不法分子竟将5只巨蜥贩入京城，欲谋不义之财。为使濒危的野生动物免遭厄运，他们抓住线索，紧急采取了救蜥大行动。

1996年5月29日深夜，北京海淀公安分局巡察支队的干警们在铁家坟路口例行巡逻。23时45分，一辆出租轿车由远方疾驰而来，干警打出了停车检查的指令。这是一辆黄色桑塔纳轿车，司机很自觉地出示了行驶执照。经认真核实，没有什么疑问。可拉开后车门往里一看，一个乘车顿时引起了干警们的注意：他蓬头垢面，衣衫不整，明显流露出惊慌失措的样子。

"请问你是什么地方人？干嘛的？"巡警和气地问。可对于这些简单的盘问，此人却没有回答，只是愣愣地盯着窗外的夜色。

"问你话呢，说呀！"进一步追问，他才吞吞吐吐地答道："我是……我是湖南人，卖蛇的。"就在这个人答话的同时，他的一双腿哆哆嗦嗦地左右移动，似乎要把什么东西挡在座位底下。民警用手电往下一照，果然发现座位下的一只编织袋中有活物在蠕动。

"袋子里装的什么东西？"干警机警地问。

"是……是眼镜蛇。"答话中带有几分惶恐。

干警随手用橡皮棒在袋子上轻轻一捅，硬硬的，绝不是触及蛇的感觉，断定有诈，当即请这个人下车，责令他拎出编织袋，解开扎着的袋口。

就在袋口被解开的一刹那，一条长满细鳞的大钩爪已使劲儿地蹬了出来，紧接着，一只浑身带鳞、尾巴细长、至少有1.45米的蜥蜴状动物笨拙地从袋子里爬了出来。当时干警们也说不清这究竟是什么动物，只是从乘车人惊慌的神态上猜测这不是一般的动物。于是决定兵分三路，一路将乘车人带回深入盘查，一路着手准备对此动物的鉴定，另一路留在路口继续巡逻堵卡。

至30日上午9点，对该乘车人的审查工作还没有大的进展。他除交待了自己名叫田建生，来自湖南省宝靖县外，拒不交待该动物的来源。

就在这时，负责鉴定工作的干警从中国科学院动物研究所传回令人振奋的消息：经专家鉴定，该动物是巨蜥，属国家一级保护动物，在我国数量极少，仅分布在海南岛的部分地区，广西、云南偶有出现。专家还指出，警方截获的这只巨蜥还未成年，正处在生长发育阶段。

人们当时注意到，不知是生存环境还是人为因素所致，这只巨蜥的尾巴和个别脚趾已明显残缺不全了。

巨蜥的身份明确后，干警们随即加大了审问田建生的力度。晓之以理、动之以情，又经过近1个小时的耐心开导和教育，田建生的心理防线才被攻破，交待了有关的情况：两年前，为了发财，他携妻带子从原籍来到北京，干起贩蛇的营生。5月27日下午，他的一位名叫张秀文的女同乡焦急地找到他，说是最近花高价从张家界贩来5只活巨蜥，每只都在15千克以上。由于这东西实在稀罕，估计在京城一定会卖个好价钱，请他通过可靠的路子尽快卖出去。

田建生在贩卖山珍野味的道上已走了十几年，深知稀罕物的行情，决定对这位老乡稳、准、狠地宰上一刀，他故作忧虑地说："北京人吃东西很挑剔，能有人愿意花高价钱买只蜥吃吗？并且据说这东西是受保护的动物，一旦被发现，免不了要吃官司，不好办啊！"

见张秀文脸上现出了愁容，田建生不慌不忙地话锋一转："既然你把东西千辛万苦弄来了，怎么也不可能再运回去吧？如果你信得过我，就把东西拿到我这儿来，能卖个高价更好，卖不了你也别埋怨我。"

张秀文此时已没了主意，实在也说不出"不成"二字，只好于当晚8点钟，将5只活巨蜥悄悄地转到田建生的住处。一次发财的机会送上门来了，田建生心花怒放。送走张秀文，他一面嘱咐老婆在院子一隅的隐蔽处把巨蜥安顿好，一面小跑般向村外的公用电话亭奔去，一个接一个地给京城各地的"关系户"打去了推销巨蜥的电话。他觉得自己已经成功了一半，要不了两三天，一大笔诱人的收入就会轻而易举地进入自己的腰包。

然而，田建生却没有料到，或许是水土不服，或许是南北温差太大，第二天一大早给巨蜥喂食时发现一只蜥的整个身体已紧紧地蜷在一起，用手一摸，无任何反映，显然死了。尽管这还不完全是自己的东西，可即将到手的钱这么轻易地损失掉，难免让田建生感到心痛。

他有点儿急了，顿时增强了尽快脱手的紧迫感。当天上午，一个名叫吕明福的人前来看货时，他没敢过分讨价还价，仅以每只1000元的价格卖出了3只，得到赃款3000元。

根据田建生的交待，干警们在他暂住处的墙角冰柜里截获了那只已死的巨蜥。一比较，那只死蜥比被截获的那只活蜥要大得多，也完整得多，实在令人痛心呀！

吕明福何许人？京城贩卖水产品的人可能没有谁不知道他。这个年逾50的人，做"水产"生意已近20年。

带着田建生，干警们顺利地在崇文区找到了吕明福的家。吕明福不在。根据田建生提供的BP机号，干警们以"买鱼人"的身份给吕明福打出了寻呼，几分钟过后，电话里便传来了吕的声音。经过一番认真的"讨价还价"，吕明福约定"买鱼人"半个小时之后到崇文区某公司冷库前见面。

23时许，在该冷库正门前的路灯下没说几句话，吕明福便被利落地捉到了停在不远处的吉普车上。他正要申辩，一副手铐"咔嚓"一声扣在了他的双腕上。

"快说，你把那几只巨蜥放在哪儿啦？"干警们迫不及待地问。

已魂飞魄散的吕明福知道自己闯了祸，也深知与警察对抗的不利，便支支吾吾地答道："被……被我老婆……给卖了。"

"卖给谁了？快老实交待。"

"我……我叫不上那人的名字，只知……他姓杨，可能住在石景山区，我老婆都知道。"

听罢，干警们驱车急速前往吕家，将吕明福的妻子姚波抓获，而后直赴石景山。

夜已经很深了，路上的行人和车辆都很少，随着警车在柏油路面上呼呼地向前奔驰，干警们的心也都提到了嗓子眼儿，他们都捏着一把汗，生怕巨蜥出现不测。

坐在车上，大家沉思无语，只是默默地注视着远方。

接近石景山，干警们将车远远地停在村外的僻静处，带着吕妻姚波悄悄地摸进村去。至一户高墙大院前，姚波停下脚步，经仔细辨认，确定无误后，干警敲响了这家的大门。

"请问杨大叶住这儿吗？我们找他有点急事儿。"

开门的老大爷一看来了警察，意识到可能出事儿了，于是赶紧领着他们从主房右侧的小胡同绕到屋后，指着一间亮着灯光、挂着窗帘的房屋，悄声地说："他就住那儿，好像在屋里。"

干警走到窗下，侧身一听，屋里有轻轻的说话声，随手敲了一下窗棂，里面的声音立刻消失了，电灯也随之熄灭。见状，干警们只好亮明身份，以查验暂住证为借口责令屋里的人立即把门打开。

又是一阵沉默，仍不见任何反应。无奈，干警们破门冲进屋去，拉开电灯一看，两名男子惊慌失措的狼狈相一下子映入了他们的眼帘，一个抱头钻入床下，一个仓皇躲到锅台后面。

经当场审查，一个是贩蜥嫌疑人杨大叶，陕西西安人；另一个叫李景祥，北京某饭店的采购员。二人交待了刚刚谈妥的贩蜥交易，根据杨大叶的口供，干警们在其外屋的墙旮旯的一只铁笼子里找到了那3只硕大的巨蜥，并从他床边的一张破桌子下搜出了李景祥刚刚付给他的2700元定金钱。

在3天时间内，被不法分子转手4次，并不断落入险境的3只巨蜥，终于得救了。干警们为此深深地舒了一口气，他们不约而同地抬腕看了一下手表，此刻已近31日零时，粗略一算，从第一只巨蜥被截获到另4只巨蜥被追回，他们刚好用了一天的时间，连续奋战了24个小时，这时他们才感到有些累了。

可为了大获全胜，不使任何一个见利忘义、唯利是图的违法者漏出法网，干警们还是克服疲劳，振作精神，坚持着连夜登上了擒拿另一主犯张秀文的路途。

　　根据田建生的供述，干警们就在这天下午5点将张秀文迅速抓获。她本以为魂牵梦绕的贩蜥款应该到手了，可万万没有料到，一副冰冷锃亮的手铐把她日夜憧憬的发财梦击得粉碎。

　　经干警们多方联系，被解救的巨蜥已在野生动物管理站安家，它们重新获得了自由。

# "IFAW" 组织在行动

由于大多数海豹栖息于公海上，因此海豹的保护和管理是一个全球性的问题，而不是一个国家所能处理的，需要有关国家通力合作才能奏效。同时，建立国际性的海豹保护组织也是极为重要的。

国际上的海豹保护组织已在逐渐增多，而其中比较有名、成立比较早的是：

一、SPCA。SPCA是加拿大新不伦瑞克一个颇有影响的自然保护组织的简称。

二、IFAW。IFAW是国际爱护动物基金会的简称。这个组织是加拿大政府有组织地捕猎海豹最为严重、也是竖琴海豹受到最大威胁的1969年成立的。目前，IFAW组织的成员及支持者已有10多万人，在12个国家设有联络机构。"拯救海豹"是他们打起的环境保护运动的第一面旗帜，IFAW组织还为此成立了专门的海豹救护组。

三、绿色和平组织。

在1966年，SPCA的代表布莱思·戴维斯首次关注海豹的捕猎问题，一些新闻媒介也开始对滥杀海豹的现象进行了曝光和批评。此后，人们对海豹的关注越来越强烈。

IFAW成立后，加入了反对捕杀海豹的行列。他们一方面在世界各地发起拯救海豹的运动，迫使加拿大等国家做出限额捕猎的规定；另一方面着手组织海豹的观赏旅游，希望以此来吸引当地从业者放弃捕猎海豹，而转向商业性的海豹观赏旅游，并为此配备了专门的飞机为旅游者提供有偿服务。

1976年，绿色和平组织加入到反对捕杀海豹运动的行列中，在北美和欧洲掀起了更大规模的"白色毛皮抵制行动"。

　　1980年欧洲议会议员斯坦尼·约翰逊向欧洲议会提出议案，要求禁止进口白色竖琴海豹和幼年蓝背肉冠海豹的毛皮制品。这一提议受到了数以百万计的支持者的声援后，欧洲议会于1982年3月11日以160票对10票的绝对优势通过了"保护海豹"的议案。随后，欧洲经济共同体在一项临时决议中，也决定两年内（以后又继续延长4年）停止进口海豹皮张，自此欧洲海豹毛皮市场急剧衰退。有关的一项调查表明，此后一段时间，竖琴海豹的年捕猎量从20多万头减少到了3万多头。

　　在绿色和平组织加入到反对捕杀海豹运动行列后，IFAW就将工作重点转向了宣传冰上旅游和海豹数量的监测方面。这里有这样一组数字，在加拿大海豹主要分布区之一的马达兰群岛，捕猎旺季时，海豹捕猎社团的年平均收入额不过5万美元，而1992年这里开展海豹观赏旅游的年收入高达40.9万美元。因而IFAW认为，"活海豹远比死了的更有价值"。IFAW也更积极致力于宣传和组织海豹的旅游观赏了。

# 我国的海豹保护区

在我国的渤海辽东湾，斑海豹的资源曾经十分丰富，但是由于长期的过度猎捕以及经济活动的飞速发展，航运量剧增、油田开发中心的地震爆炸所产生的冲击波和噪音、海洋环境污染、斑海豹饵料生物受到损害等，斑海豹资源及其栖息地遭到严重的破坏，数量急剧下降，已经达到濒危的程度。当前渤海海豹种群数量减少的主要原因是：过多的捕猎幼斑海豹和破坏斑海豹的栖息、生殖的生态环境（宁静的海滩面积急剧减少、河流入海水量被拦截、河口处的食物减少、海水污染等）。因此，我们必须采取各种措施来拯救和保护这一珍贵的品种。

1982年7月，辽宁省政府颁发了《辽宁省野生动物资源保护条例》，将斑海豹列为重点保护动物，禁止捕猎。1988年11月《中华人民共和国野生动物保护法》颁布后，斑海豹被列为国家二级重点保护野生动物。1992年9月，大连市政府批准成立了大连斑海豹自然动物保护区。1996年，国务院批准成立了国家级自然保护区。

大连斑海豹自然保护区位于辽东半岛的西部，大连市渤海沿岸及海域，总面积为909000公顷。保护区沿岸海底地势陡峻，坡度较大，水深大多在20-40米，有70多个岛礁。保护区所处的地区各季受冷空气影响造成寒冷天气。强冷空气带来的寒潮天气主要表现为大风和剧烈降温，1月份沿岸平均气温在-8.1℃-1.5℃之间。这一带海湾冬季结冰期长，可达3-4个月，一般年份在11月中下旬见初冰，到第二年3月中旬终冰。自然保护区内生物资源丰富，鱼类有100多种，经济甲壳类5种，头足类3种，贝类10多种。除了斑海豹以外，还栖息着小鳁鲸、虎鲸、伪虎鲸、宽吻海豚、江豚等国家重点保护水生野生动物。

建立自然保护区除了对保护斑海豹具有重要的意义外，对于加强辽东湾海洋生物多样性保护也具有重要的作用。斑海豹的栖息和繁殖的场所也是鱼虾类动物的产孵场及贝藻类动物的优良养殖场。每年春季许多洄游性的鱼虾类动物进入辽东湾产孵、繁殖。梭子蟹及一些鱼类冬季也集中在辽东湾深水处过冬。辽东湾的毛虾以及海蜇资源非常丰富。长期以来对主要经济鱼虾类动物的过度捕捞，导致了资源量的急剧减少。随着自然保护区的建立，在加强对斑海豹资源及其栖息地保护管理的同时，也对辽东湾的珍稀水生野生动物和经济鱼类资源加强了保护管理。

为了保护已处于濒危状态的斑海豹，大连市政府及渔业行政主管部门多年来做了大量的工作。辽宁省海洋水产研究所对斑海豹的分布、资源状况进行了研究。大连市渔业行政主管部门先后组织了3次较大规模的斑海豹资源调查，对辽东湾斑海豹繁殖区的自然环境、自然资源以及斑海豹的种群结构、生态习性和资源现状做了深入的调查和论证。大连斑海豹自然保护区建立后，保护工作取得了很大的进展。我国渔业行政主管部门对水生野生动物的保护在国内外产生了良好的反响。

# 将海豚放回大海

世界上现存海豚37种，但有4种海豚正濒临灭绝。1990年，在联合国发起的有关学术讨论会上，统计出死于网捕渔业的海豚每年达100万头，这一数字令人担忧。

捕杀海豚的国家以日本、墨西哥、委内瑞拉等国为盛。

在日本，当渔民们发现海豚群后，20多条海船便从后面包抄过来。有经验的渔民们在船的两边挂上金属管，渔民们把管子敲得叮当直响，受了惊动的海豚们被赶入了港口，投入了渔网。大量的海豚就这样成为人们餐桌上的美味佳肴。

刺网在日本等国也是常用的作业方式，这种方式对海豚来说真是太残忍了。刺网十分简单，但杀伤力极大，如果海豚的牙齿、吻或鳍在网中被钩住，就会被死死缠住，海豚因无法游到海面上来呼吸，便窒息而死。1992年后，这种方式被禁止使用。看来联合国的这一决定是十分明智、及时的。

围网作业也很常用，据估计，每年有25万头海豚因此被捕杀。美洲国家现在已开始培训船长们学习解救海豚。只有拉丁美洲船队对限制捕杀的问题不加理睬。

对海豚生存造成威胁的另一个严重问题是海水的污染。海水中的农药残存物以及工业排放的废物中，含有大量的有毒成份。

在4种面临绝灭的海豚中，包括印度河中的印度海豚和我国的白鳍豚。

据悉，印度豚不足500头，白鳍豚不足200头。目前，各国政府已采取了一系列保护措施，使情况有所好转。

美国海洋研究交流协会是由一些科学家和海豚爱好者组成的，他们决定帮助海豚重返广阔的大海，回归大自然。

1977年，人们曾简单地认为将海豚放回大海是一件轻而易举的事，但事实上两头被放入大海的海豚，在几小时后，其中的一头便身负重伤搁浅在海边的礁石中。人们不禁忧心忡忡，被囚禁了这么久的海豚能否再适应海洋的生活？

为此，海洋研究交流协会决定制订帮助海豚从海兽池中回归大海的计划，如果这一计划获得成功，将为如何对待捕获的海豚开辟一条新路。

乔和萝西成了这一计划的实施对象。这两只海豚是美国捕捉专门用于人与海豚对话的科学研究的。早在1984年，萝西就怀孕并在海兽池中生下了小海豚，然而不幸的是，萝西不去给小宝宝喂乳，以至小海豚不久就死去了。

1986年，当萝西再次怀孕时，人们决定让她在大海中生下小海豚，专家们为此做了大量的准备工作。

他们先指定专人负责这一工作，制订详细的工作计划，选定合适的释放场地。这一负责小组有鲸类学家艾林，海豚的训练员奥伯利，领导者是利科。场地选在佐治亚州的一个小海湾，这里不仅有许多食物，而且海上有成群的海豚，人们用围栏将其隔开，不过小鱼和潮水可以通过，在这样安全的环境中，让海豚逐渐适应海中的生活。

刚来的时候，海豚显得烦躁不安，为了使它们平静下来，艾林敲击水面发出海豚们熟悉的声音，使之逐步消除陌生感。奥伯利继续训练它们进行各种表演，为使它们学会自己捕捉食物，有时表演完，不再给它们喂食，人们还把鲻鱼的尾巴剪去，以方便海豚捕捉。一开始，被娇生惯养的海豚捉起鱼来确实不够机灵，而且不太适应潮涨潮落的变化，不过，28天过去后，两头海豚显然开始习惯海洋生活了。

这一天，人们小心翼翼地打开闸门，两头海豚慢慢地游了出来，向大海深处游去。它们从狭小的世界游向了广阔的天地。

　　那么，这两头海豚生活得怎么样了呢？通过装在它们身上的定位器发现，萝西与一群野生海豚在一起快乐地生活，而乔和另一群野生海豚嬉戏跳跃，它们过得都很幸福。

# 各国的爱鸟行为

鸟类是人类的朋友，人类无法想象没有鸟儿陪伴的生活是多么可怕，故而各国都有不同的保护鸟类的措施和行为。

英国的法律严格规定，伤害鸟类是犯罪行为，是要受到处罚的，轻者处以罚款，重者还要被判刑。

莫斯科对鸟儿比伦敦采取了更多的优惠措施，比如严禁猎鸟，连吓鸟都不允许。除此，他们还大量构筑人工鸟巢，常常撒施鸟食等。

在印度新德里，有一家世界上唯一的鸟类医院。这家医院为鸟儿设立了100多张床位（实际上就是鸟笼）。有的病床特地为鹦鹉、鸭类等较大鸟类而设，比一般鸟笼要宽大得多。医院每年接待大约40只前来求诊的鸟，同时接受25只病鸟住院。这些鸟多数由鸟主人带来，也有不少是路人捡到送来的。

澳大利亚的布鲁拿岛，每年都有数以千计的小鸟沿着一条崎岖小道徒步"行军"，这条小道后来被称为"鸟路"。岛上修建公路后，小鸟可不管那么多，照样"我行我素"，大模大样地从公路上穿过，往往造成公路交通堵塞。

考虑到不少鸟儿就是在"行军"路中被汽车压死，当地政府专门为它们开辟了一道地下通道。但鸟儿们已经习惯了自己的"行军"之路，始终不肯改走地下通道。无奈之余，人们再次作出让步，在鸟儿与汽车通过的地方设立路标，要求司机减速，为鸟让路。如果不慎压死鸟儿，还要受到惩罚。

# 黑脸琵鹭引起"人鸟争地"

黑脸琵鹭是目前最濒危的水禽之一，它的数量大概只剩下400只左右，仅分布于东亚的少数地区。

黑脸琵鹭大量减少的原因无非是生存环境的日益恶化、人为的滥捕滥杀。在黑脸琵鹭的越冬地——台湾西南部的曾文溪河口，1993年秋冬季节曾经爆发过一次人类枪击黑脸琵鹭的恶性事件，造成大量黑脸琵鹭惨死。由于曾文溪河口是当地的七股工业区开发地，因而，600多乡民为和黑脸琵鹭争地，每人手持一包鸡蛋，头绑白布条，集体拥至当地农委会抗议，表示不能因为要保护黑脸琵鹭而阻碍工业区的开发，他们呼吁赶走黑脸琵鹭。

此事引起台湾中华野鸟学会、人猿基金会、关怀生命协会等10多个自然保护团体的高度重视。他们联合起来发表声明，指出：黑脸琵鹭的存亡，不是少数人赏鸟的问题，也不是要不要工业开发区的问题，一个物种的灭亡是全世界的问题，这预示了人类生存环境已出现了危机。人为地要求它们搬迁，实际上是剥夺它们的最合适栖息环境，其后果很可能造成个体的灭亡。

人、鸟争地事件惊动了世界野生生物基金会、国际鸟类保护总会、亚洲湿地保护学会等30多个保护团体。中国鸟类学会也发出呼吁书，要求台湾采取切实措施，保护黑脸琵鹭。

在世界各国动物保护协会的努力下，曾文溪河口地区终于终止开发七股工业区。开发商们只好被迫给黑脸琵鹭让地，另寻他处开发去了。

尽管如此，黑脸琵鹭在曾文溪口的越冬地并未受到严格保护，它们仍然随时都会面临生存的困难。

黑脸琵鹭的近况引起了国际动物组织的关注。1994年秋，鸟类生活国际组织（前身是"国际鸟类保护会议组织"）在德国罗森海姆召开的第21届世界大会上，第一次专门谈到黑脸琵鹭繁殖地和越冬地合作保护的问题，同时决定：鸟类生活亚洲计划的优先任务就是拟定一项"保护黑脸琵鹭的联合研究计划"。

根据这一计划，次年元月，台湾野鸟学会和国际有关组织在台北市举行了工作会议，专门讨论了黑脸琵鹭的现状，并起草了"黑脸琵鹭的保护行动计划（草案）"。当年初夏，由日本野鸟学会国际部主任市田则孝牵头和资助，中国鸟类学会理事长郑光美教授等组织和主持，在北京召开了国际性黑脸琵鹭保护协作会议。参加代表来自台湾、香港、日本、朝鲜、韩国、越南、美国等地。在这次会议上，代表们提出了许多具体的保护黑脸琵鹭的行动计划，并作了分工。

我们有理由相信，在世界各国的动物保护者的共同努力下，黑脸琵鹭不仅不会灭绝，反而会越来越多。

# 荷兰鼓励救助鹳鸟

　　欧洲人自古就偏爱鹳鸟，鹳鸟在欧洲相当有名。欧洲人时常对他们的孩子说：婴孩都是鹳鸟送来的。多少年以来，鹳在欧洲的城镇中生活，筑巢于烟囱和教堂的尖阁等地方。尽管欧洲人尽量不伤害鹳鸟，并想方设法保护它们，但是出人意料的是，它们的数量仍在不断地减少。

　　鹳的数量急剧下降的原因不很明确，存在多种说法：有的说城市的迅速扩大、沼泽地面积减少，从而减少了鹳鸟的栖息地；有的说农田面积的扩大，消除了田间树篱、防风林和沼泽地，这样，鹳鸟的主要食物鼠类和昆虫大量减少；有的说在迁徙时，它们因为撞到电力线上而大量死亡。

　　最让人信服的理由是科学家推断，因为南非不断增加使用杀虫剂的缘故。我们都知道，鹳鸟每年去南非过冬。当它们吃下当地的蚱蜢及其他昆虫时，也不经意地吞下了大量杀虫剂。这些杀虫剂不仅伤害了它们本身，更影响了它们的繁衍。

　　欧洲的有些地区到今天为止，仍然认为鹳是好运的象征，不应让它绝种。于是，他们成立了一个委员会去援助鹳鸟，并邀来专家教导他们如何建造和修理鹳巢。他们甚至从北非把鹳卵运回，用孵化器在当地孵化。

　　荷兰等国家还建立了补助金制度，用来补助和鼓励农民保留树篱和野生动物栖息地，为鹳鸟提供食物。同时，他们架设危险性较小的电力线，以免它们在迁徙时不小心撞上。

　　与此同时，他们还作了大量宣传，号召所有的人都参与到救助鹳鸟的活动中来。他们特别宣传的是，请求大家不要再食青蛙，以便将这种美味食品留给鹳鸟。

# 为白鹤修复断嘴

鸟儿是没有手的，它的嘴有时就起到手的作用，所以有人这样比喻道："将一个人的双手反绑住，要他自己准备食物、建造住宅、抵抗来犯敌人，以及完成生活中一切要做的事情，他一定会显得非常可怜。同样，一只鸟损伤了自己的嘴，也就失去了生活能力。"

既然鸟嘴是非常重要的，那么它一旦不小心损坏了嘴，该怎么办呢？如果它是生活在野外的话，那它可就倒霉了，不但不能使嘴恢复，而且还很难生存下去；如果这时有人将它送到兽医院去，那它可就幸运了，因为人能够帮助它们修复嘴。

20世纪80年代中期的一天，有一只折断了嘴巴的雌性东方白鹤被人送进了兽医院。至于这只白鹤是如何损伤了嘴巴的，动物园鸟类馆馆长爱伦·李伯曼说："鹤用嘴探索，有时，它们把嘴偶然插进了一个什么东西里，就想使劲甩掉它，这就容易弄断它那长长的嘴。"

不管它是怎么把嘴弄断的，兽医立即为这只白鹤进行断嘴嫁接。嫁接的方法是：用金属片牢固地卡在断嘴上，然后，用细绳紧紧缠住。在金属片下附一片凹形塑料片，用粘骨用的聚丙稀酸均匀涂上，5分种后，塑料片即与金属片牢牢地粘固在一起，这时再用剪刀进行修剪即可完成全部嫁接过程。

虽然修复后的嘴从外形上看，没有原来好看，但并不妨碍功能。

用这种方法可以为更多的断了嘴的鸟儿修复，但并非每只鸟的断嘴都能进行人工修复，短的鸟嘴在折断后就很难修复。涉禽因为嘴巴细长，所以最容易进行人工修复。

# 保护珍禽朱鹮

　　陕西洋县的姚家沟是朱鹮的主要营巢之地。这个偏僻的小山村里，在20世纪80年代初时，只住着6户人家，全部人口不过20多人。

　　有一天，这里的村民突然发现又搬来了一家。这个"家庭"有成员6人，来自县城或北京。他们来后不久，便在家门口挂起了一块"朱鹮观察站"的大牌子。原来他们并非普通人，也并非是一家人，他们是由中国科学院动物研究所与洋县县政府共同派驻的朱鹮研究小组。小小的、不为人所知的姚家沟一夜之间成为世界瞩目之地。这个"观察站"在当地被称为"第七户人家"。

　　3年后，洋县根据"观察站"的工作情况，正式成立了"朱鹮保护站"，并在姚家沟和三贫河两处相继盖起了新房，由工作人员负责保护朱鹮的工作。

　　在以后的数年中，工作人员分别对8只朱鹮幼鸟进行了短期临时喂养，然后将其中6只送往北京动物园。北京动物园为此特地成立了"朱鹮繁殖中心"，并于80年代末成功繁殖出了2只雏鸟。这是中国乃至世界首次人工繁殖朱鹮获得成功。

　　由于野生朱鹮卵常遭天敌侵害，加之食物短缺而使幼鸟难以存活。为此，90年代初，陕西洋县成立了"朱鹮救护饲养中心"。这个中心由日本资助，耗资80万，征地8亩多。

　　救护中心成立后，先后救活了野外生存的伤、病朱鹮幼鸟10多只，还人工繁殖成功了20多只。因此，国家相关领导人在参观了救护中心后，高兴地说："朱鹮的保护非常成功，为我们国家、民族，为整个科学界争了光。"

　　我们有理由相信，在动物学家及广大热爱自然、热爱动物的人们的共同努力下，珍稀朱鹮的数量将越来越多。

# 万只白鹭安家武夷山下

1987年10月的一天，住在福建武夷山下江堂村的村民突然迎来了一批不速之客。这批不速之客是上万只美丽的白鹭。

据了解，这万余只白鹭从北方飞来。它们到达下江堂村后，不知为什么，就不肯走了，在此一住就是两年多，并且还不忘繁衍后代。

许多鸟类专家闻讯后纷纷从各地赶来观看并作研究，但至今无法确定缘由。

下江堂村位于著名的风景区武夷山下，这里山青水秀、气候宜人，特别适宜鸟类的栖息和繁殖。这恐怕就是白鹭不愿离开的主要原因吧。

这万余只白鹭在这里生活很有规律，每天清晨离开树林，飞往小溪、田间觅食。天黑前，它们又飞回树林。

当地人视白鹭为吉祥物，从不伤害它们，使它们能够安静地在此生活。

# "雉类故园"的忧患

　　我国幅员辽阔，南北跨纬度49度以上，包括寒温带、温带、暖温带、亚热带、热带；东西跨经度62度，由东部海洋性湿润气候过渡到西部大陆性干旱气候。因而，我国具有复杂多样的自然环境。

　　由于我国地大物博，所以就动物地理分布而言，我国包括所有古北界和东洋界两大界的动物，形成物种极其丰富的生物资源。

　　就讲"雉"吧！

　　我国是世界上雉类资源最为丰富的国家，共有雉类26种，占全世界总数49种的53%。其中黄腹角雉、绿尾虹雉、藏马鸡、蓝马鸡、褐马鸡、蓝鹇、白冠长尾雉、黑长尾雉和红腹锦鸡等9种，是为特产种。另外，在世界环颈雉的30个亚种中，有19个分布在我国。可见我国雉类资源位居世界第一位，号称"雉类故园"是完全名副其实的。

　　雉类属于鸡形目、雉科鸟类，是我国极为宝贵的动物资源之一。

　　在《野生动物保护法》附录中的国家重点保护野生动物名录中，已列入保护名录的雉科鸟类有30种，占我国雉科鸟类总数的61%，其中属于一级保护动物的19种；世界鸟类"红皮书"第二版（1982年）上列举全世界濒危雉类30种中，我国占16种。

　　上述数字表明我国雉类中的多数已处于濒危状态，亟待保护。

　　雉类雄鸟一般具有绚丽多彩的羽毛、矫健的体态和动人的求偶行为，具有很高的观赏价值。环颈雉等在我国分布广泛，是重要的动物资源，一些雉类的羽毛还是工艺品的原料。

　　我国雉类大多分布在西南和华南地区，尤以横断山脉及青藏高原东部地区的种类最为丰富，共有13种，占全国种数的50%。

　　绝大多数雉类生活在森林中，在长期的进化过程中，与其赖以生存的栖息地有着唇齿相依的关系。众所周知，长期以来，我们西部、北部逐渐沙漠化，只有西南地区还保持着湿润的气候，茂密的原始森林，所以还能保持着"雉类故园"这一块土地。

但是，随着人类活动范围的不断扩大，特别是近年来一些山村农民以"靠山吃山，靠水吃水"的传统，小农经济意识来致富奔小康，致使"雉类故园"里的野生雉类受到了日益严重的威胁。

近年的调查表明，白冠长尾雉、灰孔雀雉和绿孔雀等已呈濒危状态。其中白冠长尾雉过去在我国分布相当广泛，而近年来在我国北方骤减，在河北、山西已经绝迹。

濒危雉类一般繁殖力低，性成熟迟，防御天敌的能力差，食性多狭窄，孵卵期间受天敌、气候等因素影响，卵的孵化率和雏鸟成活率甚低。这些特点使其在生存竞争中，常常处于不利地位。

例如，专家在野外发现的30个黄腹角雉巢中，只有4巢孵化成功，其余均因天敌、气候等原因失败。

在外因方面，人类经济活动的干扰是导致资源日趋减少的根本原因，主要表现在两个方面：栖息地破坏和乱捕滥猎。

对于这方面，有实地调查结果为证。对浙江乌岩岭保护区周围地带的调查表明，某猎户平均每年射杀的黄腹角雉将近10只；在贵州东南部山区，仅1992年一年捕杀的白冠长尾雉就多达64只。

我国某些地区，还有人有用毒饵等诱杀鸟的习惯。一些群众为防止环颈雉啄食农作物，在菜田边投放毒饵，使该处环颈雉基本上绝迹。

此外，在我国的许多山区，群众拣雉蛋和捕捉幼雉的现象也十分普遍。当然，为了追求利益而偷猎、走私贩卖或食用珍禽的现象，也时有发生，这些都严重影响了雉类的生存和繁衍。

雉类分布区日益缩小和种群数量锐减的严峻事实提醒我们："雉类故园"已经有了忧患，拯救与保护雉类，是我们义不容辞的责任。

动物与人

# 巴基斯坦保护雉类活动

巴基斯坦伊斯兰共和国位于南亚次大陆西北部的印度河流域，东北部与我国为邻。

在高山峡谷之中，巴基斯坦有大片保存完好的原始森林，巴基斯坦的雉类也主要分布在这里。

1992年9月底至10月中旬，以中国鸟类学会理事长郑光美教授为首的5位鸟类学者组成的中国代表团，在巴基斯坦参加了第五届国际雉类学术讨论会，并在西北边境省的喜马拉雅山麓进行了野外考察。

巴基斯坦约有6种雉类，即黑头角雉、棕尾虹雉、黑鹇、勺鸡、彩雉和蓝孔雀。虽然种类比我国的雉类要少，其中前4种在我国亦有分布，但除勺鸡在我国较常见外，另3种在我国仅西藏自治区的一些地点有过分布记录，国内迄今未见野外专题报道，对它们的生活习性和生存状况也知之甚少。因而巴基斯坦的雉类研究和保护现状引起了我国专家的极大兴趣。

巴基斯坦黑头角雉是5种角雉之一，其分布区位于整个角雉属分布区的最西端。它的体形和大小与我国境内分布的红腹角雉、黄腹角雉等相近，尤其是它们雌鸟的羽色十分相似，难以分辨。雄鸟成鸟则与其他角雉羽色不同，头黑、颈红、胸部底色黑而有较小的白色圆点。在我国仅在西藏西南隅森格藏布（狮泉河）流域山地有过早期记录，国外见于克什米尔地区、印度西北部和巴基斯坦东北部。

黑头角雉的野外数量稀少，在国际自然保护同盟出版的鸟类《红皮书》中被列在最濒危的第一类动物名单中。1982-1983年在克什米尔的马奇拉保护区发现的少量种群引起了人们的关注。1987年国际鸟类保护理事会和世界雉类协会开展了调查黑头角雉计划。经过一年多的努力，终于在1989年春天，在被称为巴基斯坦喜马拉雅山皇冠上的绿宝石的约55公里长的巴拉斯山谷发现了世界上最大的野生黑头角雉群体，最保守的估计是有超过200对在这里生活。

这个自然界的奥秘一揭开，巴基斯坦野生动物保护协会、西北边境省野生动物部、英国航空公司等野生动物保护组织和赞助机构纷纷行动起来，进行大规模的宣传、保护和研究等活动。

# 台湾帝雉抢救记

黑长尾雉，又名帝雉，是我国台湾特有的珍禽。由于它的稀有，1966年《红皮书》将它列为世界濒危物种。

1906年英国鸟类采集名手沃特·古费罗来到台湾山区，在山胞的头饰上发现了两枚黑长尾雉的中央尾羽，大为惊讶，经送英国研究，被认为是新种，引起英国鸟类学界的注意。

1912年，古费罗沿阿里山脉设置100具陷阱，结果捕获雄鸟8只、雌鸟3只，全部送到英国饲养。翌年，台湾帝雉在英国繁殖成功。

台湾帝雉栖息于海拔1800-3200米之间的原始混交林或针叶林带的40度以上陡峭斜坡的丛林之中。它生性谨慎，很少出声。

这种鸟的前途虽险恶，但它也有自己的朋友。在爱鸟人士之中，有位大名鼎鼎的赖云型医生，十几年一直在做台湾野生雉类生态的研究。今天，他又为拯救帝雉于水深火热之中，而做出巨大的努力和牺牲。

绝少有人能在山野里看见野生帝雉，就是用望远镜也看不到它。往往早在人们接近它们以前，它们就轻巧而又迅捷无声地用双足溜走了。日本NHK电视台曾派专人来台湾拍摄帝雉在野外的照片，在尝试过种种方法之后，终于也是徒劳无功。一般人要看帝雉，只能在动物园和私人鸟园里。

近年来，台湾东西横贯的公路完成，一条直抵玉山的公路，穿过帝雉的故乡八通关。

帝雉，这个被世界《红皮书》列为濒临绝种的台湾珍禽，正被山下人开发的脚一步步逼到死角，而山上的人们则无所不在地设下陷阱，将帝雉作为他们佐餐时的高级野味，蛋白质的补充品。更何况帝雉那两条黑白相间的尾羽，正是一些人喜爱和崇拜的头饰品。近年来捕捉活雉偷运日本，已成为一种获取暴利的手段。

正当人们对帝雉的灭亡一筹莫展时，我们高兴地听到赖云型医生竟然以人工授精方式使帝雉繁殖成功的消息，这怎能不令人雀跃？

据世界雉类联盟调查，全世界各地人工饲养的帝雉现共有1172只，其中日本就有300多只。但在台北圆山动物园和英国、日本都没有人工授精繁殖的先例，赖云型给帝雉的繁衍生息带来了新的希望。

赖云型在6年前完成了帝雉的自然繁殖，又开始了人工繁殖帝雉的工作。根据实验的结果，蓝鹇、竹鸡的人工授精过程比较简单，成功率很高。唯有帝雉，一做再做，屡屡败北，赖云型整整熬过了4个年头，才取得了成功。

为此，赖云型感叹地说："尊贵的帝雉，非寻常禽类可比，有几项原则在授精过程中必须掌握，否则功亏一篑……"

赖云型为了饲养帝雉，用冰箱冷藏一种帝雉喜食的虫子，花钱向农民收购蚱蜢，还从台湾嘉义县帝雉的原产地运来一车当地的泥土，因为帝雉在山径觅食时，常把泥土、砂石吃入腹内，里面含有它生存所必需的微生物和有机物。

就这样，赖云型为了挽救帝雉的命运，鞠躬尽瘁，终于取得了可喜的成果。赖云型养帝雉不是为了赚钱，而是要放回野生环境中去。

赖云型家的三楼屋顶，设计成一个3米长、1米半宽的栏笼。人工授精育成的帝雉就分别养在笼子里。有的还和小鸡般大小，有的灰褐色的花纹已经脱落，换上黑色的羽毛，长出黑白相间的尾羽了。

这些由人工一手培育的幼雉，通常在长到6-7个月的时候，就要迁到野外某个保护区去放养。赖云型一共放养过三批帝雉。第一、二批放养完全失败，无一侥幸。其原因是食物不能适应，或被野鼠吃掉。第三批放养时，赖云型改变了食物分配方式，将水和食物分为两处，经过一段时间的追踪观察，在放养地3公里以外，发现依旧有活着的帝雉。

这是否算成功了呢？目前尚难下断语。据研究野生动物的专家说，野生动物的放养是一件非常复杂和艰难的工作，食物的转换、交配习性、筑巢孵化……每一个细节都不能掉以轻心。放养地点的挑选更为严格，必须仔细研究放养地和原产地自然环境等各种相关因素。另外，近亲交配的后遗症等种种因素，也会使多年的辛劳毁于一旦。

赖云型清楚地知道，他养的帝雉一旦进入放养区，很快就会遭到猎人的随意捕杀。他未来的研究、追踪、调查、管理、经营，没有任何人或单位会予以协助，所有的费用均要由自己负担。他一定知道，一旦野生帝雉赖以生存的海拔2000米的原栖生地的生态环境被破坏，即使他在平地做再多的人工授精繁殖也是枉然！可赖云型夫妇仍然义无反顾地往前走去。

　　在肯尼亚的一个博物馆里，陈列有全世界濒临绝种的野生动物图片。我国台湾的黑长尾雉——帝雉也在里面。在美丽高贵的帝雉图下，有这样一段解说：

　　"这是一种产在台湾的特有珍禽，英国人曾在英国繁殖成功，且将其送回原产地，可惜由于当地政府的漠视和人们的无知，它们在台湾的命运已岌岌可危。"

# 鹤类的乐园——扎龙

黑龙江省扎龙自然保护区是我国第一个大型水禽自然保护区，建于1979年7月。这里虽然没有古木参天的林海和巍峨秀丽的群山，但在这一望无际的芦苇荡中，却栖息着许多珍贵的水禽，尤以鹤类繁多而闻名于世，被誉为"鹤类的乐园"。

扎龙自然保护区位于黑龙江省西部松嫩平原乌裕尔河流域下游，齐齐哈尔市东南部，东北与林甸县交界，东南与杜尔伯特蒙古族自治县毗连。保护区南北长65公里，东西宽37公里，两头尖，中间宽略似"月牙形"。

扎龙自然保护区接近兴安岭高地，受西伯利亚气流影响，形成明显的大陆性气候，四季变化显著，春季干旱多风，夏季干燥炎热，秋季多雨早霜，冬季寒冷早雪。

保护区内主要河流为乌裕尔河，发源小兴安岭南坡铁力县，流经杜蒙、林甸、齐齐哈尔市时消失在草原中，到保护区便失去明显的河床，河水蔓延形成广阔的芦苇沼泽地带，这种河称为"无尾河"。河流两岸形成大片苇塘，苇塘里散布着许多湖泡，较大的湖泡有东哈台、西哈台、南哈台等，面积都在100公顷以上。

苇塘湖沼中，生长着鲫鱼、鲤鱼、泥鳅及各种蚌螺，是水禽、鹤类的良好饲料。

在苇塘湖沼中，常形成不连续阶地（当地群众称"愣子"），水位增高时这些阶地均有被水淹没的可能，那里草高苇密、地势隐蔽，是鹤类尤其是丹顶鹤、白枕鹤栖息的好地方。

季节积水区，春旱无水，形成沼泽草甸，芦苇长势差，很少有纯的群落，多混有三菱草、狼尾草、碱草、蒿草等植物，这些地方多为水禽觅食的场所。

在芦苇丛中，有零星岗丘，犹如绿色海洋中的孤岛，岗丘上土壤多为盐碱土，并有牛鞭草、狼尾草、蒲公英等植物。这里大部分被开垦成耕地，人类长期居住在这里。每当春、秋季节，丹顶鹤也常到耕地或村落附近觅食。

乌裕尔河流域独特的自然环境，形成广阔的芦苇沼泽，溪流纵横交错，湖泡星罗棋布，水草肥美，鱼类丰富，适于各种水禽栖息繁殖。据1976年调查，有各种水禽130余种，尤其是以鹤类而闻名国内外。众鹤之中，丹顶鹤最为珍贵，因此这里又被誉为"丹顶鹤的故乡"。

全世界有鹤类15种，中国有9种，而扎龙自然保护区就有6种，鹤类总数占全世界53%。全国约有75%的鹤栖居在此。6种鹤中，在扎龙自然保护区繁殖的有丹顶鹤、白枕鹤、蓑羽鹤、白头鹤，旅鸟有白鹤、灰鹤；属于稀有或濒危种的有白鹤、白头鹤、丹顶鹤、白枕鹤。这几种鹤如不采取紧急保护措施，就有绝种的危险。

除鹤类外，尚有其他珍贵水禽，属于雁形目的鸿雁、豆雁、灰雁、天鹅、绿头鸭、花脸鸭、斑头鸭等；鹳形目的有大白鹭、草鹭、苍鹭、白鹳、黑鹳、白琵鹭等；此外还有鸥形目等多种水禽在乌裕尔河栖息繁殖。

乌裕尔河这个仙鹤的故乡，由于鹤多，景色迷人，引起了国家动物保护组织的重视。1980年，黑龙江省动物研究所在乌裕尔河芦葫岛上建立了一处"丹顶鹤"生态观察站，并派鸟类工程师李金录、冯科民等同志常年在这里对各种鹤进行观察和科学研究。为方便观察起见，当地政府还在此架设了观鹤楼，人们登上楼顶，用高倍望远镜可以看到鹤的活动。

# 密林中的欧洲野牛

在俄罗斯境内，最大的陆上野生动物是欧洲野牛。一只身高2米和身长3米的成年雄性野牛，体重有800-1000千克。

欧洲野牛在古代的俄罗斯土地上分布本来是很广的，可是后来由于采伐森林和捕猎得过多，野牛的数量很快就减少了。到了19世纪初叶，全世界只有别洛维日密林（在白俄罗斯）和高加索才有这种蹄类动物。

第一次世界大战开始时，总共大约只有700头的别洛维日野牛，几乎全部被杀害了；而为数大约500头的高加索野牛，在武装干涉期间也全部死于偷猎者的枪弹之下和疾病中。到了1922年，整个地球上总共只剩下几十头别洛维日野牛，它们分散在前苏联和其他国家的动物园、自然保护区和动物繁殖场中。1953年，世界上纯种的欧洲野牛大约有160头。

二十世纪二三十年代后，在前苏联的各自然保护区：别洛维日密林和高加索自然保护区内，有计划地进行了恢复野牛数量的工作；从1948年起，泊里奥科-切拉斯纳自然保护区也进行了这项工作。后来，人们又把野牛运入了哈贝尔和莫尔多夫两个自然保护区。

这些野牛在新地方生活得很好，并且繁殖了起来。圈着围栅的、宽阔的野牛公园，在固定时间对参观团体和个人开放。在这里能看到从活泼的小野牛到巨大的、体重800千克的公野牛各种年龄、各种大小的野牛。

当我们观察野牛的时候，对于这些林中巨兽的动作所特有的灵活和轻快感到惊奇。

别看野牛一直受着管理人员的饲养和监督，但要是和其他野生动物比较时，它们是很不容易驯化的，即使是半岁和1岁的小野牛，也不让人抚摸它们，而成年的野牛则常常低下可怕的犄角，朝着站在栅栏外面的观众冲过去。牛栏里，已经发生过几次野牛袭击工作人员的事故。

这些野牛以小树枝、树叶和树皮当作食物；它们也吃各种青草。此外，人们还经常拿植物茎根、燕麦粉、混有石灰粉的麸皮、干草和柳枝喂它们。所有这些，都是根据科学的饲料标准拟定的。对怀孕的和哺乳的母野牛，另喂一种营养丰富的饲料，对特别巨大的公牛还要多喂一些饲料。这些补充饲料都是严格地在一定时间中饲喂的，每天3次。到了饲喂的时候，许多野牛通常都迈着庄重而没有声息的步伐，自动来到给饲料的地方。此外，管理野牛的人还吹起猎用号角，召唤它们来吃饲料，使野牛对这种声音产生条件反射。最近，人们已开始把小野牛直接放在自然环境中饲养。

# 自然保护区观虎记

一位动物学专家曾骑着大象多次在自然保护区内考察野生虎，下面是他考察后所作的考察记录。他说：

骑着象作考察活动并不是万无一失的。因为过去曾发生过2只老虎夹攻一头成年象的情况，最后大象被活活咬死。我的一位朋友的坐骑也曾被虎重创过头、鼻和颈部，辛亏它最终瞅准机会用头部将虎压在地上，继之抬脚踩扁了老虎。

我和朋友们的亲眼所见，改变了我们原先对印度虎的一些看法：首先，印度虎并非名副其实的热带丛林之王，也不像人们通常所认为的那样，可以凭着犬齿和利爪为所欲为。事实上，老虎为了填饱肚子，不得不煞费苦心和奔波劳顿，甚至要比狮子的集体捕食辛苦得多。通常，往往要在30次无效进攻和追逐之后，才能最终捕获猎物。为了寻找食物，虎必须从早到晚跑25-30公里；为了不使猎物警觉逃走，虎必须至少匍匐、爬行10-25米——而这是很费力的动作。虎经常饥不择食，为捕到青蛙、蟾蜍、猴子、螃蟹，甚至鸟蛋而沾沾自喜。虎的食谱中有200种动物，但真正落入虎口的大多是"老幼病残"。

其次，通常人们认为虎是孤僻的，不合群，其实不然，老虎的内部关系是友好和睦的。一只虎获得战利品后，会通知自己的亲属前来分享食物；这与狮子成了鲜明的对比，成年狮子甚至会极端自私地独吞食物，眼睁睁地看着幼狮饿死。

虎猎到鹿时，会将吃剩的食物拖到凹地里，用草和树枝隐蔽起来，以防乌鸦和兀鹰偷窃；在此后的5-6天内它会坚守在附近，除非受到人的干扰，它是不会放弃贮藏品的。

有一次，我的一个朋友费力地爬上林中一座孤独的石岗，忽然发现离他几米外睡着一只虎。不一会儿，老虎醒来后看看我的朋友，不慌不忙地走了。

饥饿的虎，特别是带仔的雌虎，会在白天外出打猎，但它们不会袭击成年牛羚（印度的一种大野牛，体重可达700千克），而只能捕猎牛犊。这也许是因为已经有过惨痛的教训：一只不自量力的虎向牛羚和野水牛发起进攻，结果被对方抵死；一只虎贪婪地望着牛群，瞅准其中一头母牛准备扑过去。这时牧人察觉了，飞奔过去，用木棍猛击老虎。有一次，他决定跟踪一只雌老虎，了解哪儿是虎的藏仔之地。他与两个助手分乘三头驭象来到虎穴前，爬到树上继续观察。可怕的是，雌老虎对他们进行反跟踪，窜到树下用前爪抓他们的脚。桑卡维斯特用发报机线捅虎头，想赶走它，不小心反而被虎抓破了裤子，并撕去一块肉。他痛得和一个助手一起从树上掉了下来。这时虎转身猛烈攻击桑卡维斯特的坐骑，迫使象逃走。继之，虎平静下来，安稳地卧在桑卡维斯特的身旁——看来这是虎的习惯，为了防止自己的俘获物被其他野兽抢走。桑卡维斯特耳边清晰地听到虎的呼吸声，却不敢动弹，心想自己这回算完了。此时，桑卡维斯特的两个助手悄悄地追上象，竭力使象镇定下来，并赶来救援生物学家。虎慑于人、象威势，终于被迫放弃自己的猎物。然而受了伤的桑卡维斯特已无力爬上象背，助手们只得设法弄来小车，将他送到20公里外的布哈拉普特机场。人们立即用小飞机将生物学家转送大城市。3小时后，桑卡维斯特躺在手术台上，随后住了3个月的医院才康复。

为了帮助丧失父母的幼虎，专家在印度和尼泊尔的交界处设立了收容站；经过一段时间的人工喂饲后，再让小虎重返大自然，任其自找同伴并组织新的虎家庭。

# 澳大利亚"拯救袋狸"活动

青少年自然科普丛书

qingshaoniamzizrankepuoongshu

动物与人

汉密尔顿是澳大利亚东南部一座风景秀丽的小城。

近些年来，随着经济的发展，居民生活水平的提高，汉密尔顿的垃圾"产量"也蒸蒸日上。大量废旧汽车、塑料制品和其他难以处理的废物使城市垃圾场的规模越来越大，这既有碍观瞻，也使环境日趋恶化。为了使汉密尔顿更加美丽，市政当局下决心清理垃圾场。按计划，第一步实施的将是移走并销毁那里的全部废旧汽车。

使市政官员们颇感意外的是，这个造福于民的清理计划公布后没几天，一个"坚决反对"的电话就打到了报社和电视台。打电话的人是一位生物学家布朗，他认为，如果清理垃圾场的计划得以实施，那数以千计的袋狸将流离失所，甚至家破"狸"亡。

袋狸是有袋类动物，个头略小于兔子，腹部和袋鼠一样生有育儿袋。过去，人们在汉密尔顿市四周经常见到它们的踪影，可是近些年，袋狸的踪迹越来越少，以至人们都认为，它们已经从这一带消失了。布朗的电话证明了袋狸的存在，使喜爱动物并热衷于保护动物的人们惊喜不已。然而，使大家迷惑不解的是：袋狸的生存怎么会和清理垃圾息息相关呢？

布朗为大家揭开了谜团。原来，袋狸喜欢在深草丛中栖息繁衍，这里既安全，又容易寻觅昆虫、蚯蚓、蜘蛛等食物。可是日益兴旺的牧羊业把袋狸赶出了家园。为了生存，袋狸不得不另觅新居，于是，垃圾场中那些废旧汽车的车身，就成了它们的栖身之地。

布朗的呼吁很快见之于报端，他本人也在电视屏幕上频频露面，有关袋狸处境危险的消息不胫而走，飞也似地传遍了澳大利亚。顷刻之间，"拯救袋狸"的呼声传遍全国。汉密尔顿市政当局只好修改方案，将原订计划推迟一年，让生物学家利用这段时间解决袋狸的生存问题。

对于袋狸来说，这一年真是祸不单行。先是旷日持久的严重干旱，使大量袋狸因无食可捕而饿死在烈日之下。接踵而来的又是连日的大雨，不少袋狸被淹死在车厢和水潭里。袋狸面临着严重的生存危机，为此，汉密尔顿市的全体居民紧急行动起来，他们纷纷捐款捐物，展开了一场"拯救袋狸"的活动。

首先，人们把一截截混凝土管道的两端堵住，只留下可供袋狸出入的窄口，然后把这些管道放在野外。一座座小巧玲珑、温暖舒适的"袋狸旅馆"建成了。当第一批袋狸离开居住多年的垃圾场，迁进混凝土新居的时候，整个澳大利亚的人们都为之雀跃。

然而，人们并没有停止"拯救袋狸"的脚步。因为大家知道，混凝土管道并不是袋狸的久居之地。人们在房前屋后及篱笆墙边广为栽培草丛和灌木，以模仿袋狸喜爱的生活环境。这项工作需要的时间较长，直到今天仍在进行之中。随着一处处草木的生长和繁盛，不断有袋狸从"旅馆"中迁出，重返当年大自然中熟悉的家园。

诚然，袋狸和其他野生动物一样，它们从大自然那儿得到的不仅仅是清新的空气、丰富的食物，那里也有着各种各样的危险。袋狸的尸体经常被发现，它们有的是在公路上被疾驰的汽车压死的，有的是被家猫咬死的。为了给袋狸创造更好的生存环境，人们在袋狸经常出没的公路边设置了醒目的路标，提醒过路车辆的注意。交通指示牌用英文写着"前方5公里为袋狸活动区"。

# 参 考 书 目

《科学家谈二十一世纪》，上海少年儿童出版社，1959年版。

《论地震》，地质出版社，1977年版。

《地球的故事》，上海教育出版社，1982年版。

《博物记趣》，学林出版社，1985年版。

《植物之谜》，文汇出版社，1988年版。

《气候探奇》，上海教育出版社，1989年版。

《亚洲腹地探险11年》，新疆人民出版社，1992年版。

《中国名湖》，文汇出版社，1993年版。

《大自然情思》，海峡文艺出版社，1994年版。

《自然美景随笔》，湖北人民出版社，1994年版。

《世界名水》，长春出版社，1995年版。

《名家笔下的草木虫鱼》，中国国际广播出版社，1995年版。

《名家笔下的风花雪月》，中国国际广播出版社，1995年版。

《中国的自然保护区》，商务印书馆，1995年版。

《沙埋和阗废墟记》，新疆美术摄影出版社，1994年版。

《SOS——地球在呼喊》，中国华侨出版社，1995年版。

《中国的海洋》，商务印书馆，1995年版。

《动物趣话》，东方出版中心，1996年版。

《生态智慧论》，中国社会科学出版社，1996年版。

《万物和谐地球村》，上海科学普及出版社，1996年版。

《濒临失衡的地球》，中央编译出版社，1997年版。

《环境的思想》，中央编译出版社，1997年版。

《绿色经典文库》，吉林人民出版社，1997年版。

《诊断地球》，花城出版社，1997年版。

《罗布泊探秘》，新疆人民出版社，1997年版。

《生态与农业》，浙江教育出版社，1997年版。

《地球的昨天》，海燕出版社，1997年版。

《未来的生存空间》，上海三联书店，1998年版。

《宇宙波澜》，三联书店，1998年版。

《剑桥文丛》，江苏人民出版社，1998年版。

《穿过地平线》，百花文艺出版社，1998年版。

《看风云舒卷》，百花文艺出版社，1998年版。

《达尔文环球旅行记》，黑龙江人民出版社，1998年版。